KB193872

공부 습관 잡아주는 초등 일기

부모와 함께하는

행복한 일기 쓰기 지도서!

박점희 지음

공부습관 잡아주는 초등일기

애플북스

추천사

과제로서의 일기에서 포트폴리오로서의 일기로 고정관념을 바꾸다!

방학이 끝난 후 아이들의 일기를 살펴보면 열에 일곱은 똑같은 글씨체에 똑같은 내용 일색이지요. 쓰기 싫어서 억지로 쓴 흔적이 역력합니다. 돌이켜보면 저 역시 어린 시절 그랬습니다. 방학숙제 중에 제일 싫었던 것 중 하나가 일기였으니까요. 하루아침에 급조할 수도 없거니와 미루면 미룰수록 엄청나게 불어나는 양을 생각하면 그저 한숨만 푹푹 나왔습니다. 일기는 그저 지겨운 숙제 중 하나였습니다.

교사가 된 이후에도 일기지도에 대한 고민은 계속 이어졌습니다. 내가 그토록 쓰기 싫어하던 일기를 아이들에게 어떻게 하면 즐겁게 쓰게 할 수 있을까 끊임없이 고민하고 모색했지만, 명쾌한 방법은 없었습니다. 그러다가 최근에 박점희 님이 쓴 이 책을 만났습니다. '과제로서의 일기'라는 기존의 관념을 뒤집고, '학습과 연계된', '포트폴리오로서의 일기'로 새로운 정의와 방법을 제시해주고 있습니다. 일기가 아이들 학습과 생활에 이렇게 다양하게 활용될 수 있다니요. 실천에 옮겨보고 싶다는 생각이 한가득입니다. 일기를 쓰는 아이들뿐만 아니라 학부모, 그리고 교육 현장에 몸담고 있는 선생님들께도 좋은 지침서가 될 거라 믿습니다. 아이들 모두가 일기 쓰기를 즐겁게 생각하고 일기 쓰기를 통해 더 많이 배우고 정리할 수 있으면 좋겠습니다.

서울 관악초등학교
배혜은 선생님

들어가며

변화하는 교육,
우리 아이를 위한 일기 쓰기의 필요성

최근 교육의 형태는 아이들이 스스로 학습활동을 기획하고 실천하는 '학습자 중심 교육'으로 변화하고 있다. 아이들 스스로가 다른 사람의 간섭을 최소화하고, 자신의 학습동기에 따라 교육을 주도하는 자기주도학습을 기본으로 하여, 성과를 내고 발표하는 형태로 진행하는 것이다. 이 과정에서 가르치는 사람이 있을 수도 있고 없을 수도 있으며, 있다 하더라도 촉진자나 도우미의 역할을 할 뿐이다. 이것이 최근 교육의 트렌드다.

조금 더 자세히 살펴보면 교과서의 교육내용을 바탕으로 학습자가 흥미 있는 부분을 조사하고, 그것을 생활 속에 적용시키고 결과물을 발표하는 형태로 달라지고 있다. 여기에서 중요한 것은 교과서의 내용을 바탕으로 하고 있다는 점이다. 이는 곧 학습자가 교육내용을 제대로 이해하지 못하면 스스로 학습활동을 하기 힘들다는 것을 의미한다. 이를 위해 필요한 것이 바로 국어력이다. 국어력이 떨어지면 교과서의 내용을 이해하기 어렵고, 자신의 생각을 충분히 표현할 수 없다.

국어는 모든 과목의 기본이다. 글을 읽고, 문장이 이야기하는 바를 이해하고, 이해한 것을 바르게 표현할 수 있는 능력이 있어야 공부를 잘할 수 있다.

수능에서도 학습자의 능력을 좌우하는 과목은 국어다. 수학을 포기한 '수포자'는 알지만, 국어를 포기한 '국포자'를 아는 사람은 많지 않다. 수학은 주로 초등에서 중등으로 진급하는 단계에서 포기하는 학생이 늘어나는 편이다. 공부를 안 해서, 흥미가 없어서, 해도 성적이 오르지 않기에 스스로 포기한다.

하지만 국어는 스스로 인식하지 못한 채 포기하는 경우가 많다. 초등학교 교육과정에서 현재 배우는 내용의 수준이 내가 사용하는 언어의 수준보다 낮기 때문에, 즉 쉽다고 생각해서 공부할 이유를 모른 채 한 학년씩 올라간다. 학년이 높아질수록 내용이 심화되지만, 우리말이기에 '언젠가 하면 되겠지'라고 생각하다 보니, 그 중요성을 인식하지 못하고 미루게 된다. 그 사이 문학과 비문학을 접하고, 이해의 폭이 깊어지면서 포기할 수밖에 없는 과목이 되는 것이다.

그렇다면 어떻게 국어를 포기하지 않고, 국어력을 높여줄 수 있을까?

아이들의 국어력을 높이기 위해 나는 두 가지 방법을 선택했다.

하나는 대화를 나누며 이해력과 어휘력을 높이는 방법이고, 다른 하나는 일기를 통해 쓰기 능력을 높이는 것이다.

대화라기보다는 수다에 가까운 국어 교육법은 여러모로 효과가 좋았다. 사실 국문학과 국어학을 공부한 내게도 국어는 쉽지 않다. 많은 사람들은 나에게 '당연히 국어를 잘할 것'이라 말한다. 그리고 국어를 전공한 엄마를 둔 아이들도 당연히 국어를 잘해야 한다고 생각한다. 하지만 앞에서 밝힌 바와 같이 나도 아이들도 국어가 쉽지 않았으며, 공부로서의 국어가 아닌 생활 속에서 배우기 위해 '대화'라는 방법을 활용했다.

엄마 : 황순원의 〈소나기〉에 보면 '잔망스럽다'는 단어가 나오잖아. 그거 우리 유경이랑 어울리는 단어인가?

막내 : '잔망스러운' 게 뭔데?

엄마 : 사전에게 확실하게 물어볼까?

첫째 : ① 보기에 몹시 약하고 가냘픈 데가 있다. ② 보기에 태도나 행동이 자질구레하고 가벼운 데가 있다. ③ 얄밉도록 맹랑한 데가 있다.

막내 : ①, ②는 아닌데, ③ 얄밉도록 맹랑? 요건 누나랑 맞는 것 같네!

둘째 : 그런데 소설 속의 그 잔망이, 이 잔망이랑 같은 거야? 느낌이 좀 다르네!

이처럼 가장 기본적인 맞춤법부터 생각을 나누는 것까지 함께 이야기 나누면, 자연스레 국어력이 향상될 뿐만 아니라 사고력까지 확장된다.

다음으로 쓰기 능력을 높이기 위한 방법으로 하루의 일을 기록하게 했다. 지금은 달라졌지만, 예전에는 '일기 쓰기'를 초등교육의 기본으로 생각했다. 매일 글을 쓰게 하는 훈련인 동시에 하루 동안 아이에게 어떤 일이 있었는지 알 수 있고, 부모와 선생님이 아이들과 소통할 수 있는 창구였다. 하지만 아이들이 가장 싫어하고 힘들어하는 과제가 일기이기도 하다. 그래서 지금은 일주일에 1~2회 정도 쓰기를 권장한다.

일기는 하루 동안 있었던 일, 즉 자신이 하고 싶은 이야기, 보고 듣고 웃고 울었던 것에 대한 경험을 자유롭게 쓰면 된다. 자신만의 방식대로 기록하면서 글을 쓰는 습관을 기르는 연습장이라고 생각하면 된다. 일기의 목표는 한 권의 일기장에 모두 훌륭한 글을 남기는 것이 아니라, 매일 꾸준히 글을 쓰고 하루를 정리하면서 국어력을 향상시키는 데 있다. 좋은 글에 욕심을 내어 여러 가지 규칙을 덧붙이면 일기 쓰기가 힘들어진다. 첫술에 배부르지 않는 것처럼 잘 써야 한다는 부담을 버리고, 꾸준히 기록하는 습관을 길러야 한다. 그러면 어느새 쓰기를 두려워하지 않고, 좋은 글을 쓰게 될 것이다. 쓰기에 대한 부담을 줄이면, 글을 쓰는 능력뿐만 아니라 내용을 요약하는 능력도 길러지게 된다는 것을 명심하자.

일기도 한 편의 글이다. 주제를 정하고, 기승전결을 구성하고, 누구를 대상으로 어떻게 전달할 것인지 등 고려해서 써야 하므로 결코 쉬운 일이 아니다. 하지만 일기를 꾸준히 써놓았다면 이야기는 달라진다. 내가 누구와 어떤 사건을 겪으며 어떻게 자라왔고 가치 형성을 해왔는지 알 수 있는 기본 자료가 준비된 셈이다.

이러한 일기는 자기소개서 작성에도 도움이 되고, 새로운 미래를 펼쳐가는 데에도 많은 도움이 된다. 하지만 처음부터 무턱대고 쓰라고 하면 부담스럽게 느낄 수 있다. 그러니 지금부터 펼쳐질 일기 쓰기 노하우를 통해 쓰기에 대한 부담을 줄이고, 국어력도 잡아보자.

3장 사고력을 다져주는 주제 일기

<특별부록> 주제 일기 활용

1장

국어력을 잡아주는 일기 쓰기

하루의 기록이 공부 습관을 만든다

유경이와 민구는 일기를 쓰고 있나요?

전 일기 숙제가 제일 싫어요. 쓸 것도 없는데, 매일 써야 하니까 힘들어요.

우리 선생님은 일주일에 한 번만 쓰면 된다고 하셨는데.

그래도 써야 하는 건 마찬가지잖아. 마치 반성문 쓰는 것 같아서 싫어!

그래서 우리 선생님은 오늘 있었던 일 가운데 기억하고 싶은 걸 쓰라고 하셨어.

그게 문제야. 난 오늘 뭐 했는지 잘 모르겠는데 뭘 쓰냐고.

그러니까 잘 생각해봐야지!

일기는 무엇을 어떻게 써야 하는지 다함께 알아볼까?

일기는 하루의 기록이다

일기(日記)를 한자 그대로 풀이하면 '하루를 기록하다'라는 뜻이다. 즉, 하루에 있었던 일들을 써서 남겨 놓는 것을 말한다. 학교의 하루를 기록한 학급일지나 그날의 회의에서 나온 이야기를 기록하는 회의록도 하루의 기록이라는 점에서 일기로 분류할 수 있다. 그래서 일기는 공적인 일기와 사적인 일기로 나누기도 한다. 학급일지와 회의록처럼 공적인 상황을 기록한 것을 '공적인 일기'라고 부르고, 개인의 생활을 기록한 일기를 '사적인 일기'라고 한다. 우리 아이들이 쓰는 일기가 바로 사적인 일기다.

청년 시절부터 36년이 지난 오늘날까지 일기 쓰기를 하고 있는 '인생기록연구소'의 정대용 씨는 삶 속에서 체험하고 느낀 것들을 일기에 담았다. '일기 쓰기의 장인'이라 불리는 그는《기록하는 인간》(지식공감, 2017)에서, 기록이란 '사랑하는 사람들을 위해, 나를 거울삼아 나보다 더 의미 있고 가치 있는 삶을 살도록 인도하는 것이다'라며 기록의 중요성을 이야기했다.

꾸준히 기록한 사적인 일기는 시간이 흘러 공적인 일기로 바뀌기도 한다. 대표적인 예로 이순신 장군의《난중일기》가 있다.《난중일기》는 수군사령관으로서 부하를 사랑하고 백성을 아끼는 마음, 부하에 대한 사심 없는 상벌의 원칙, 국정에 대한 간언, 전투 상황의 기록, 가족과 친지 등의 이야기나 편지 등이 담겨 있다.

이는 역사를 증명하는 기록이기도 하다.
나치 치하에서 숨죽여 지내며 시대의 참상을 기록한 안네 프랑크의 《안네의 일기》도 사적인 일기가 공적인 일기로 바뀐 대표적 사례다. 안네가 일기장 '키티'에게 이야기하듯 써내려간 이 일기는 유대인의 자서전으로 우리들의 책장 한 자리를 채우고 있다.
이처럼 사적인 일기가 공적인 일기가 되는 사례는 여전히 이어지고 있다. 5·18 민주화운동 당시 어느 여고생이 쓴 일기가 역사의 기억으로 남아 유네스코 기록유산으로 등재되었다. 그래서 나는 수업에서 만나는 아이들에게 이렇게 이야기한다.
"얘들아! 너희의 일기도 먼 훗날 많은 사람들이 보는 공적인 일기가 될 수 있어. 그러니 글씨는 알아볼 수 있게 쓰자."

나만의 일기 쓰기 전략 만들기

자, 그렇다면 일기를 어떻게 써야 할까? 또 내 아이에게 '일기 쓰기'를 어떻게 지도해야 할까?
수업에서 만나는 아이들에게 "자신의 하루를 일기로 써보자"라고 이야기하면, 아이들은 "선생님! 어떤 거 써요?" 하고 반문한다. 자신의 하루인데 자신이 아니라 타인에게 되묻는 것이다. 이는 나의 아이들도 마찬가지였다. 일기장 앞에 앉으면, "엄마! 뭐

써?"가 일기 쓰기의 시작이었다. 학부모 연수에서 듣는 질문도 이와 비슷하다. "하루 중에 있었던 일을 한 가지 쓰라고 하는데, 우리 아이는 글감 찾기를 힘들어해요."

아이들이 이렇게 되묻는 이유는 일기를 쓰는 과정을 세우지 못하기 때문이다. 일기를 쓰기 위해선, 첫째 무엇을 하였는지 되돌아보는 여정, 둘째 무엇을 쓸 것인지 찾는 과정, 셋째 어떻게 쓸 것인지를 생각하는 단계가 체계적으로 갖춰져 있어야 한다. 하지만 이런 전략은 내 아이의 머릿속에도 부모에게도 어렵다. 그동안 그저 하루를 돌아보고, 반성할 것을 생각하는 방식으로 지도해왔기 때문이다.

일기를 쓰기 위한 첫 단계로 하루 동안 무엇을 했는지 돌아보는 여정부터 살펴보면, 다음과 같이 그림으로 정리할 수 있다.

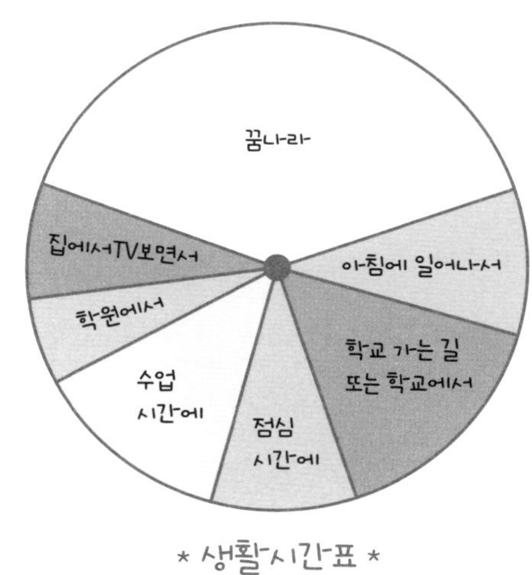

* 생활시간표 *

아침에 일어나서 무엇을 했는지, 학교 가는 길 또는 학교에서 무엇을 했는지, 점심시간에 나온 급식을 먹으며 어떤 일이 있었는지 등 하루를 돌아보며 시간표로 정리한다. 이렇게 표를 만들어 정리하면, 생각이 섞이지 않고 잊었던 기억이 떠오른다. 꾸준히 스스로 정리하는 습관을 들이면 부모와 신경전을 벌이지 않고도 자신의 일기를 수월하게 쓸 수 있다.

그런 다음 표를 보고 무엇을 쓸 것인지 정한다. 이때 꼭 한 가지만 선택할 필요는 없다. 한 가지를 쓰라고 하는 것은, 다음과 같이 하루 동안 겪은 일을 나열하는 형태의 일기를 개선하고자 함이다.

입학식

2016년 3월 2일

오늘 처음 학교에 갔다. 운동장에 줄을 섰다. 입학식을 했다. 교실에 들어가서 선생님 이야기를 들었다. 키 순서대로 줄을 서서, 줄 설 때 자리도 정했다. 끝나고 엄마랑 집으로 왔다.

생각 없이 여러 가지를 쓰는 것이 아니라, 한 가지를 쓰더라도 자세히 쓰게 한다. 생각이나 느낌을 덧붙이라는 의미에서 한 가지를 쓰도록 지도하는 것이다. 그런데 1학년은 한 가지 이야기로 일기장을 채우기가 쉽지 않고, 2학년은 무엇이 가장 인상 깊은지 잘 모르고, 3학년은 여러 가지 중요한 사건 중에서 무엇을 써야 할지 난감해하는 일이 종종 발생한다. 이런저런 상황을 융

통성 있게 넘기기에는 아이들이 아직 어리다.

조문환 저, 《괴테를 따라 이탈리아·로마 인문기행》, 리얼북스

여기서 '괴테의 일기'를 살짝 들여다보자. 그는 이탈리아를 여행하면서 경험하고 느낀 것을 일기로 남겼다. 아침 창으로 비친 해 뜨는 이탈리아의 모습, 이탈리아의 아름다운 풍경, 한낮의 거리에서 만난 사람들의 모습 등 괴테는 자신이 경험한 것을 자세히 기록하고, 그때의 기분이나 느낌을 세세히 기록하였다. 우리 아이들에게 '한 가지'가 아니라 여러 가지라도, '내가 쓰고 싶은 것'에 초점을 맞춰 쓰게끔 지도해보자. 그러면 자신이 하고 싶은 이야기를 기록하는 글쓰기 능력이 향상될 것이다.

> 학교를 가다가 은주를 만났다.
>
> 은주는 감기에 걸렸다.
>
> 은주와 가다가 담장에 핀 개나리를 보았다.

마지막으로 무엇을 쓸지 정했다면, 부모나 형제 등 주변 사람에게 일기에 쓸 내용을 먼저 이야기로 들려주게 하자. 그러면 내 이야기에서 무엇이 빠졌고, 어떤 것이 장황한지 알 수 있다. 이때 이야기를 들어주는 사람은 아이의 이야기에서 어떤 점이 빠졌는지를 되묻는 형태로 대화를 나누면 좋다.

> 학교 가는 길에 우연히 은주를 만났다. 은주는 항상 일찍 다니는 친구라서 등교할 때 거의 못 만났는데, 오늘은 내가 빠른 것도 아닌데 은주를 만난 것이다. 은주에게 물어보니, 감기 때문에 아파서 늦었다고 했다.
> 은주랑 함께 걸어가는 데, 학교 담장에 노란 꽃이 핀 것을 보았다. 신기해서 가까이 가서 보니 개나리였다. 개나리를 보니까 봄이 온 것이 느껴졌다. 그러고 보니까 오늘 은주도 노란 봄옷을 입었다. 난 아직 두꺼운 옷을 입고 있는데, 그래서 은주가 감기에 걸린 것 같다!

일기 쓰기 전략

일기도 글쓰기다. 그러므로 국어 교육의 글쓰기 방법을 응용하여 지도하면 국어력 향상에 도움이 된다. 국어에서는 '글을 쓰기 전-글을 쓰는 중-글을 쓴 후'로 나누어 정리한 후 글을 쓰도록 권한다. 이를 일기에 적용하여 부모가 아이를 지도할 때 되묻거나 대화 나눌 내용을 정리해보았다.

글을 쓰기 전 (부모와 함께)	- 어떤 이야기를 쓰고 싶어? 왜 그 이야기를 쓰고 싶니? - 이야기를 순서에 맞게 정리해볼까?
글을 쓰는 중 (스스로)	- 내용을 순서에 맞게 기록하고 있나? - 했던 일 외에 기분이나 느낌도 쓰고 있나?
글을 쓴 후 (부모와 함께)	- 맞춤법에 맞게 썼니? - 중복된 내용이나 수정해야 할 것은 없는지 찾아볼까?

글을 쓴 후 아이와 맞춤법을 확인할 때 주의할 점은 핀잔이나 꾸중이 아니라, 모르는 것을 알려주는 부드러움이어야 한다. 그것도 모르냐는 식의 주의를 주면, 아이는 부모와 함께 일기 쓰기를 꺼려할 것이다.

앞으로는 국어의 글쓰기 전략과 일기 쓰기를 하나로 엮어 다음과 같이 지도해보자.

글을 쓰기 전	① 시간대별로 한 일 정리 ② 일기에 쓸 내용 선정 ③ 내용과 관련된 생각과 느낌 떠올리기 ④ 일기 쓰기 전에 이야기로 정리하기
글을 쓰는 중	⑤ 일기 쓰기
글을 쓴 후	⑥ 읽고 점검하기(맞춤법, 중복 내용 수정)

하루를 정리하는 힘 기르기

아침부터 일과를 메모하면, 하루를 정리하는 데 도움이 됩니다.

이때 일기에 담을 내용을 부모가 정해주기보다는, 아이가 즐거웠던 기억을 부모에게 이야기 들려주듯 대화하고, 그중 하나를 스스로 결정할 수 있도록 지도해야 의사결정력을 향상시킬 수 있습니다.

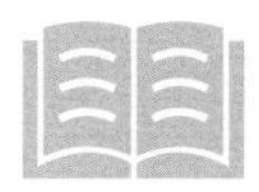

부모님! 이렇게 도와주세요 :
마중물 역할

문화센터나 도서관에서 글쓰기를 지도할 때 가장 어려운 점은 아이들이 한 학기를 배우면 다음 학기에는 오지 않는다는 것이다. 부모님들은 글쓰기를 3개월 정도 배웠으면 좋아져야 한다고 생각하시는 경우가 많다. 하지만 고등교육을 이수한 사람이라도, 글을 잘 쓴다는 것은 쉬운 일이 아니다. 하물며 몇 차례의 일기쓰기 경험과 몇 번의 지도로 단번에 잘 쓰기는 힘들다.

그렇다면 어떻게 도와주어야 할까? 일단 부모는 아이들과 대화를 통해 소재를 끌어내주고, 어려워하는 것을 정리해서 도와주는 마중물 역할이라고 생각하자. 아이가 일기장에 글을 쓰기 시작했다면 조금 떨어져 있기를 권한다.

간혹 옆에 앉아서 써야 할 것을 차례대로 불러준다는 부모를 만난다. 이렇게 지도하면 지금 당장은 부모가 보기에 만족스러운 글을 쓸 수 있지만, 스스로 쓰는 능력은 향상되지 않는다. 특히 지우개를 들고 아이 옆에서 대기하는 행동은 큰 부담을 줄 수 있다. 틀린 글자나 마음에 들지 않는 내용을 그 자리에서 지우면 부모의 마음은 시원하지만, 아이는 이어서 쓸 내용도 함께 지워져 머릿속이 하얗게 비어버린다.

부모는 아이가 스스로 제대로 된 글을 쓰지 못할까 봐 불안하고,

아이와 실랑이를 벌이며 다시 쓰게 해야 하는 것을 부담스러워 한다. 수정에 대한 생각을 조금 바꿔보면 어떨까? 일기는 글쓰기 연습장이다. 그러므로 잘 쓴 글만을 남겨야 하는 것이 아니라, 연습한 것을 그대로 남겨도 된다. 파란 펜을 이용하여 수정할 문장에 밑줄이나 문장 부호를 표시하고, 글 주변의 빈자리를 이용하거나 포스트잇에 메모한 일기를 그대로 남겨도 괜찮다. 일기 쓰기를 배우는 지금 이 시기에 가장 중요한 것은 잘 쓴 글을 남기는 것이 아니라, 글을 쓰는 능력을 향상시키기 위함이라는 것을 기억하시면 좋겠다.

첫째, 일기를 쓰기 전에 마중물 역할하기

둘째, 지우개 들고 옆에서 대기하지 않기

셋째, 수정은 글을 쓴 다음에 하기

아이의 일기 들여다보기

물총 쏘기 대작전

8 월 6 일 목 요일	☼	더웠던 날

나는 오늘 오빠와 그리고 오빠의 친구인 상현이 오빠와 함께 놀았다. 무엇을 하고 놀았냐면~~~ 물총놀이를 하면서 놀았다. 물총으로 놀게 된 이유는 내가 그네를 타고 있었는데 갑자기 오빠들이 나에게 물총을 쏘아서 내가 울었기 때문이다. 그래서 내가 우니까 오빠들이 물총을 2개나 줘서 물총놀이를 하게 된 것이다. 그러다 창문으로 엄마가 들어오라고 해서 들어갔는데 바로 그 순간 엄마 깜짝 놀라셨다. 왜냐면 머리부터 발끝까지 다 ~~젔었기~~ 때문이다. 오늘 물총놀이는 정말 정말 재밌었다.

젖었기

가

은천초등학교 1학년 8반 이수민

나만의 창의적 표현을 담은 일기

일기가 매번 똑같은 내용이고, 새로운 게 없어서 쓰기 싫어요.

그럴 때에는 창의적인 일기를 써보면 어떨까?

창의적인 일기가 뭐예요?

같은 내용이라도 표현을 창의적으로 바꿔보는 거야.

창의적으로 바꾼다는 게 뭔지 잘 모르겠어요.

늘 같은 내용을 쓰더라도, 제목을 새롭게 쓰거나, 날씨를 조금 다르게 표현해보는 거지.

어떻게 하는 건지 알려주세요.

어제와 다른 오늘의 창의적인 주제 찾기

날마다 비슷한 하루를 보내는 아이들이 매일 다른 내용의 일기를 쓴다는 것은 쉬운 일이 아니다. 그래서 일기를 가장 싫어하는 숙제로 꼽는다. 그러다 보니 일주일에 한두 번 쓰게 하는 선생님도 있고, 일기 주제를 정해주기도 한다. 그렇다면 부모가 할 수 있는 일기 지도 노하우는 어떤 것이 있을까?

초등학교 4학년이었던 민구는 '백화점식 일기'로 〈소년한국일보〉(2010. 03. 08.)를 비롯하여 신문과 방송 등 다양한 매체에 소개되었다. 백화점식 일기란 다양한 주제로 일기를 쓰는 형식을 말한다. 신문에서 재미난 사진과 기사를 찾아 스크랩하고 생각을 곁들이는 신문 일기, 책이나 체험 학습을 통해 배우고 익힌 것을 기록하는 학습 일기, 그리고 요리·독서·영어·만화·체험 등 다양한 경험을 쓴 것이 백화점식 일기이다. 그날그날의 소재나 생활환경에 따라 '어제는 독서 일기, 오늘은 요리 일기'가 된다. 그러다 보니 민구는 생활을 기록하고 반성하거나 다짐하는 글을 써야 하는 일기의 고정 관념을 깰 수 있었고, 방과 후에 교육받은 과학 수업을 일기로 쓰면서 과학자의 꿈을 키웠다. 민구는 학교에서 배우는 교과서 내용에 대한 일기도 썼다. 교과서를 새로 받은 기분은 어땠는지, 교과서를 통해 오늘 배운 부분과 배웠지만 이해가 가지 않는 내용, 새로 알게 된 것 등을 일기로 작성했다. 민구의 일기 쓰기는 사고력을 확장시켰고, 스스로 창의적인 생각을 키워나가면서 빛을 발했다. 피아노를 치면서 느낀 것, 영화를 보고 좋았던 점 등을 일기에 기록했는데, 이는 자연스럽게 창의지성 교육과 감성 교육으로 이어졌다. 민구는 학습 일기를 통해 복습하고 정리하는 능력이 향상되었고, 중학교에서 실시한 수행평가에서 좋은 점수를 받았다. 또한 고등학교에서 진행된 탐구과제 발표에서도 좋은 결과를 얻을 수 있었다. 민구의 백화점식 일기는 뒤에서 하나씩 자세히 다루고자 한다.

그 전에 아래 표를 보자. 사과를 관찰한 후 내용을 표로 정리하고, 일기로 기록한 것이다.

눈 : 새로운 것을 관찰하고, 사물의 이면 보기
➡ 사과는 빨갛다.

입 : 다채로운 맛을 느끼고, 그 맛을 언어로 표현해보기
➡ 사과는 새콤하고 달콤하다.

머리 : 다른 것을 상상하고, 상상한 것을 언어로 정리해보기
➡ 사과하면 엉덩이가 빨간 원숭이가 생각난다.

귀 : 다양한 소리를 듣고, 소리의 다름을 의성어로 표현해보기
➡ 사과를 한입 베어 물면 아삭 소리가 난다.

몸 : 체험한 내용이나 생각과 느낌을 의성어·의태어로, 문자로 정리해보기
➡ 사과가 데굴데굴 굴러가서, 주우러 쪼르르르 따라갔다.

사과 관찰

2015년 4월 9일

아침에 엄마께서 '아침 사과는 금사과니 꼭 먹고 가라'고 하셨다. 그래서 사과를 먹고 학교에 갔다. 그런데 왜 금사과일까 궁금했다. 비싼 건가? 그래서 애들에게 물어봤다. 그랬더니 영재가 자기도 아침에 먹는데, 사과는 아침에 먹으면 몸에 아주 좋다고 해서 금사과라고 한다고 했다.

학교 끝나고 집에 오니 식탁에 사과가 있었다. 사과를 관찰해보았다. 사과는 빨갛다. 그래서 '원숭이 궁둥이는 빨개. 빨가면 사과' 하는 노래가 생각났다. 웃다가 사과가 떨어져서 식탁 밑으로 데굴데굴 굴러갔다. 주워서 올려놓는데, 아침에 새콤달콤했던 맛이 기억나서 사과 하나를 먹었다. 역시 아삭하고 맛있었다. 그런데 누나가 저녁에는 사과가 몸에 나쁘다고 했다. 그런데 엄마께서 아침 사과가 좋다는 거지, 저녁 사과가 몸에 나쁜 건 아니니까 걱정하지 말라고 하셨다. 휴우~~~

주제를 살리는 제목

이야기를 지어내는 것은 어렵다. 그래서 글쓰기는 쉽지만 글짓기는 어렵다고 말한다. 그렇다면 어떻게 써야 일기도 재미있고, 글쓰기 능력도 향상될 수 있을까? 일기 전체를 창의적으로 쓰기란 어렵다. 그 대신 제목과 날씨 표현만이라도 창의적으로 써보는 것은 어떨까?

사실, 제목 쓰기도 쉬운 활동은 아니다. 책을 쓸 때에도, 책 제목을 정하는 것도 관련 분야의 여러 사람들이 고민한 끝에 결정된다. 하물며 작가에게도 어려운 일인데, 아이들이 창의적인 제목을 쓰는 것은 어려운 일일 것이다. 다음의 몇 가지 방법을 활용하면 조금은 쉽게 제목을 쓸 수 있다.

＊ 일기를 먼저 쓰고, 내용 중에서 강조하고 싶은 것을 제목으로 쓰기

⇨ 내 친구 영택이

⇨ 피아노 선생님은 귀신

＊ 일기에서 잘 쓴 문장을 찾아 제목으로 쓰기

⇨ 은주의 마음이 전달되어서 나도 아파

⇨ 우정은 무엇과도 바꿀 수 없어

＊ 대화체 가운데 마음에 드는 부분을 제목으로 쓰기

⇨ 우리 친구하자

⇨ 나랑 놀아줄래?

종종 아이들이 일기에 제목을 써야 하는 이유를 물으면, 그러라는 법은 없으니 편한 대로 해도 좋다고 이야기하는 편이다. 하지만 일기를 다시 읽었을 때, 제목이 있다면 내용을 하나하나 읽어서 확인해야 하는 번거로움은 없앨 수 있을 것이다. 그러므로 제목이 없는 것보다는 있는 편이, 늘 같은 제목보다는 창의적이고 특징을 살린 제목을 쓰는 것이 좋다.

이렇게 제목 쓰기를 익혀두면 독후감을 쓸 때에도 편리하다. 예로 위인전《이순신》을 읽었다면, 내용 중에서 강조하고 싶은 '이순신의 리더십'이나 대화체 중 '내 죽음을 적에게 알리지 마라'로 쓰면 된다.

창의적인 날씨 표현

창의성도 훈련이 필요하다. 국어는 창의성을 '국어로 표현된 다양한 텍스트를 비판적·독창적으로 이해하고, 개인의 사상과 정서가 독창적이고 효과적인 방법으로 표현된 설득력 있는 국어 텍스트를 새롭게 생성하는 능력'이라고 정의하였다. 잘 이해하고, 표현할 수 있는 능력이 바로 창의성인 것이다. '오늘의 날씨'로 창의성 훈련을 해보자.

* 비유적 표현을 사용하여 날씨 표현하기

⇨ 하늘에 하얀 구름이 솜사탕처럼 뭉게뭉게 떠 있는 날

⇨ 장대 같은 비가 화살처럼 내리는 날

⇨ 까만 먹물을 물에 탄 것처럼, 하늘이 어두컴컴한 날

* 다음을 넣어 날씨를 창의적으로 표현하기

⇨ 번개

⇨ 해

⇨ 날씨 변덕

* 흉내 내는 말 등 감각적 표현을 사용하여 날씨 표현하기

⇨ 파란 하늘에 하얀 구름이 몽실몽실 피어올라 있는 날

⇨ 우르릉 쾅쾅, 천둥이 요란하게 울던 날

⇨ 이마에 땀이 송골송골, 얼굴에서 땀이 삐질삐질 흐르던 날

* 다음을 넣어 날씨를 창의적으로 표현하기

⇨ 쨍쨍

⇨ 번쩍

⇨ 이글이글

요즘은 학교에서도 일기를 쓸 때, 날씨를 단어나 그림으로 표현하는 것이 아니라 문장으로 쓰는 것을 훈련시킨다. 이는 표현력을 향상시키는 교육이자 창의력을 기르는 교육이다. 이러한 훈련은 낱말을 긴 문장으로 나타내는 것에도 효과적이다.

날씨를 표현하고자 할 때, 아이와 함께 하늘을 보면서 다음과 같이 질문하고 아이가 생각하고 답할 수 있게 한다.

부모의 물음	아이의 답
하늘에 어떤 게 보여?	구름이 보여
그것의 색깔은?	하얗다
그것의 위치는(높이, 세기 등)?	아주 높이 떠 있어
하늘의 온도는 어떨 것 같아?	바람이 살랑살랑 불어서 시원해
그것의 느낌은?	포근할 것 같이 좋아!
생각한 것을 연결해서 기록해볼까?	높이 뜬 하얀 구름이 바람도 살랑 불어주어 기분 좋은 날

일기 지도 팁

이해하기 쉽고, 재미있게 풀어 써요

날씨를 맑음·흐림으로만 쓰면 간편하고 좋을 텐데 왜 이렇게 길고, 다양하게 쓰라고 하는 것일까요? 그것은 맑음이 어떤 맑음인지, 흐림은 또 어느 정도의 흐림인지, 다음에 일기를 읽었을 때 알 수 있게 하기 위함이랍니다. 이렇게 풀어쓰다 보면 날씨뿐만 아니라 다른 일에 대해서도 상황을 이해하기 쉽도록 풀어 쓸 수 있게 되지요. 짧게 줄여 편한 것만 찾다 보면 재미있는 상상이나 다양한 표현법은 얻지 못해요. 그래서 밋밋하고 재미없는 날씨가 아닌, 나만의 표현법을 찾아보라고 지도하는 것이랍니다.

부모님! 이렇게 도와주세요 :
직접 간접 경험 쌓기

앞에서도 이야기했지만 창의성은 쉽게 튀어나오지 않는다. 그래서 우리는 모방이라는 것을 한다. 여행지에서 형틀을 보았다면 그 위에 누워보는 경험을 해보고, 책을 읽으면서 주인공처럼 말하거나 주인공의 말과 행동의 원인을 생각해보는 등 활동을 통해 간접경험을 직접경험으로 연결시킨다. 이러한 모방 과정을 통해 의미를 재구성하고 자기 생각을 표현하는 능력을 향상시켜야 창의성이 발휘된다.

그렇다면 가정에서 아이에게 어떻게 지도해야 할까?

이러한 활동을 처음 시작하는 아이라면 혼자 하는 것보다 친구나 부모와 함께하는 것이 더 효과적이다. 내 머리에서 나오는 생각은 한계가 있지만, 함께 나누면 '맞아, 이런 것도 있어!' 하는 것을 발견하기 때문이다. 하지만 아이들은 우리만큼 경험이 많지 않기에 기대와 욕심은 살짝 내려놓아야 한다. 아이의 창의성을 끌어내기 위해 부모가 먼저 경험을 조금씩 이야기하는 것도 좋은 방법이다. 이때 부모가 좋았던 것만 이야기하기보다 실수한 것을 공유한다면 아이와의 대화에 좋은 영향을 미칠 수 있다.

마이의 일기 들여다보기

날씨는 변덕쟁이

9월 5일 목 요일 | 더웠다 추웠다 변덕이 심한 날

오늘은 날씨의 변덕이 너무 심했다.

새벽에 성당에 나갈 때는 추워서 반팔 위에 가디건을 입고 갔는데 8시쯤 학교에 갈 때는 더워서 가디건을 엄마께 드리고 반팔만 입고 갔다.

오늘 우리 반이 쓰레기 줍는 봉사여서 쓰레기를 주우려고 앞으로 숙였는데 쓰레기가 바람에 날아가서 좀 짜증났다. 바람은 세게 부는데 햇볕은 쨍쨍 했다. 봉사활동이 끝날 무렵 다시 좀 시원해졌다. 시간이 지나 학교가 끝나서 나와 보니 아이들이 인상을 찌푸릴 정도로 너무 더웠다.

아침엔 춥고 낮엔 덥고. 오늘 같은 날을 엄마는 일교차가 큰 날이라고 했다. 나는 그래서인지 침샘이 아프다. 감기인 것 같다. 날씨는 정말 변덕쟁이인 것 같다.

관악초등학교 3학년 1반 정민구

선생님 의견

침샘이 아프다는 표현은 독특하고 재미있어요. 사실 그대로를 쓴 글이기 때문에 이런 표현도 나올 수 있는 거지요. 앞으로도 나만의 멋진 표현들을 일기에 담아보세요.

독후감으로 일기 쓰는 6가지 방법

선생님, 전 오늘 책을 읽었는데, 일기에 책 읽은 느낌을 써도 돼요?

그건 독후감이지, 일기가 아니잖아. 일기는 하루를 기록해야지.

하루에 한 일이나 생각을 쓰는 거니까, 책 읽은 내용이랑 느낌을 쓰려는 거지.

그건 독후감이라니까. 일기장이 아니라 독후감 공책에 써야 하는 거야.

호호호. 민구의 말도 맞지만, 유경이 말도 맞아요.

어떻게 둘 다 맞아요?

하루의 기록이니까, 하루에 있었던 일을 쓰는 것도 맞고, 독후감은 독후감 공책에 써야 하는 것도 맞지요. 하지만 독후감 숙제가 아니라면 일기장에 써도 좋아요.

독후감과 일기는 비슷해

독후감은 일기와 매우 비슷하다. 그래서 아이들이 일기 다음으로 싫어하는 것 중 하나가 독후감이다.

비슷한 점	다른 점	
	독후감	일기
오늘 기록하지 않으면 잊어버린다.	내가 읽은 책의 내용	내가 오늘 한 일
무엇을 어떻게 써야 할지 잘 모른다.	책을 읽으며 한 생각이나 느낌	일이 일어나는 과정의 생각이나 느낌
주기적인 검사를 받는다.	책을 통해 얻은 교훈이나 다짐	일을 통해 성장한 점이나 각오

오늘 한 일이 책 읽기였고, 읽은 책을 바로 기록하지 않으면 잊어버리기 쉬우니, 일기에 적어보자. 어떤 내용이었는지 정리하고, 손으로 기록하고, 책에 대한 나의 생각을 옮기는 과정을 거치면 더 오래 기억한다. 또한 생각하는 힘과 글을 쓰는 능력이 향상된다.

독후감 쓰기 숙제가 생기면 일기를 바탕으로 더 자세하게 써서 제출하면 된다. 이것이 일기를 제대로 활용하는 방법이다.

독후감 쓰는 여섯 가지 방법

① 줄거리와 감상을 쓴다.

⇨ 우리 아이들이 가장 흔하게 쓰는 방법이다. 감상을 쓸 때에는 글에 대한 느낌은 물론 반성이나 교훈 등을 함께 쓰면 된다.

② 주인공이나 등장인물에게 편지를 쓴다.

⇨ 하고 싶은 이야기를 편지로 쓰면 쉽게 접근할 수 있다.

⇨ 《토끼와 거북》을 읽고 잠자느라 거북에게 뒤진 토끼에게 쓰는 편지 등이 있다.

③ 책 속에서 인상 깊었던 부분을 쓴다. 그것이 인상 깊었던 이유도 쓴다.

⇨ 《강아지 똥》에서 '넌 똥 중에서 제일 더러운 개똥이야'를 읽고 '똥에도 등급이 있나?' 생각해보기.

④ 뒷이야기나, 다른 입장에서 쓴다.

⇨ 《백설 공주》의 뒷이야기를 담은 《백설 공주는 정말 행복했을까?》를 참고하기.

⇨ 《아기돼지 삼형제》를 늑대 입장에서 쓴 《늑대가 들려주는 아기돼지 삼형제》를 참고하기.

⑤ 경험과 연결 지어 쓴다.

⇨ 《삼촌과 함께 자전거 여행》을 읽고 자전거와 얽힌 경험이나, 나의 삼촌에 대해 써보기.

⑥ 책과 책 또는 주인공을 서로 비교하여 쓴다.

⇨《나쁜 어린이표》와《너는 특별하단다》를 비교해보기.

이외에도 생각그물이나 만화로 표현하기, 짧은 동시로 쓰기 등 여러 방법으로 기록할 수 있다.

경험과 연결 지어 쓰기

다섯 번째로 제시된 '경험과 연결 지어 쓰기'를 해보자.
우선 책 선정이 중요하다. 아이가 공감할 수 있는 소재가 조금이라도 있어야 한다. 때문에 아이가 잘 아는 이야기이거나, 직접 또는 간접적으로 경험한 소재가 있는 책이어야 한다. 예를 들어 가족이 함께 여행을 다녀왔거나, 박물관 견학을 갔다 왔다면 비슷한 내용이 담긴 책을 고르는 것이다.
다음으로 중요한 것은 읽으면서 아이가 경험을 떠올릴 수 있게 하는 것이다. 예를 들어 여행가는 차 안에서 대화를 나누는 장면이 나온다면, 차 안에서 무엇을 하는지 떠올려보게 하자.
자, 책을 선정했다면 아이와 함께 책을 읽고 다음과 같이 이야기 나눠보자. 여기서 선정한 책은《칠판 앞에 나가기 싫어!》(다니엘 포세트 저, 베로니크 보아리 그림, 최윤정 역, 비룡소)이다.

부모의 물음	아이의 답
에르반에게 어떤 문제가 생겼니?	목요일 아침마다 배가 아파
그랬구나! 이유가 무엇이었을까?	칠판 앞에 나가서 수학 문제를 풀어야 하는 날이거든
너는 에르반처럼 그런 적 없었어?	우리 선생님은 앞에 나오라고 안 하셔
그럼 네가 싫은 거 있어?	난 일기처럼 글쓰기 숙제가 제일 싫어
그럴 땐 어떻게 하는데?	숙제를 안 하면 혼나니까 하지. 대신 일기에 쓴 글로 글쓰기 숙제를 해. 그럼 편하거든.

관심 있는 책을 읽으면 할 이야기도 많아져요.

아이의 손을 잡고 책을 사러 온 부모님을 서점에서 종종 봅니다. 아이들은 만화를 먼저 선택하고, 대다수의 부모는 자녀의 나이와 책 속의 글자 수는 비례한다는 생각에 글이 많은 것을 고르시지요. 하지만 글이 많다고 모두 유익한 책은 아니며, 많은 것을 이끌어내는 책도 아니랍니다. 요즘 우리 아이가 무엇에 관심 있는지 살펴봐주세요. 그리고 그러한 관점의 책을 선정하면 자신의 경험과 생각을 연결 지어 독후감 쓰기가 훨씬 쉬워질 것입니다.

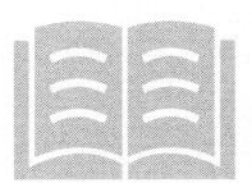

부모님! 이렇게 도와주세요 :
함께 읽고 이야기 나누기

유태인 부모는 자녀 교육을 선생님인 랍비에게만 맡기지 않는다고 한다. 깊은 신앙심과 도덕관으로 스스로를 무장하고 자녀 교육에 최선을 다한다. 이것이 바로 오늘날까지 우리가 유태인 교육법에 대해 이야기하고 있는 까닭이다.

우리는 가끔 '내가 너를 학원에 보냈으니 내 할일은 다 했다'는 식의 의무 방어적인 모습을 보인다. '나는 내가 할 뒷바라지를 다 했으니, 이제 네가 선생님과 잘 해볼 차례이며, 그에 대한 성과를 나에게 보여주어야 한다'는 방어기제다.

독서도 마찬가지다. '아이에게 책을 사주었으니 부모가 할일은 다했고, 이제 네가 읽는 일만 남았다'는 태도를 보일 때가 많다. 하지만 아이가 스스로 읽고, 책 속에 담긴 것을 자기 것으로 만들기란 쉽지 않다. 그래서 '아이가 다 클 때까지 부모가 읽어주는 것이 좋다'는 이야기도 있다.

아이가 책을 읽고 자신의 경험과 바로 연결 지을 수 있다면 좋겠지만, 대부분의 아이들은 '책은 책이고 나는 나'라는 반응을 보인다. 완전히 개별적으로 생각하는 것이다. 이럴 때 아이의 경험을 아이보다 먼저 생각하고, 옆에서 그것을 떠올리도록 도움을 줄 수 있는 사람이 바로 부모다. 부모가 모든 것을 알 수는 없지만, 내 아이를 가장 많이 아는 사람이기 때문이다. 그러기 위해서는 평소 아이가 즐겨 읽는 책을 함께 읽어야 한다. 아! 그렇다고 해서 아이가 읽는 책을 모두 읽으라는 것은 아니다. 한두 권 정도 아이와 대화를 나누고 도움을 줄 수 있는 정도의 책이면 좋다. 그리고 책을 읽은 후 아이와 이런저런 이야기를 나누며 아이가 오래전에 경험한 것을 끄집어내어주면 된다.

첫째, 함께 읽을 공통의 책 정하기

둘째, 함께 읽거나, 따로 읽어서 내용 파악하기

셋째, 책에 관한 이야기(수다 형태) 나누기

아이의 일기 들여다보기

박물관으로 떠나는 시간여행

9 월	5 일	목 요일	☼	더웠던 날

로드 클레멘트 글, 그림, 엄혜숙 역, 《박물관으로 떠나는 시간여행》, 풀빛

나도 박물관으로 시간여행을 가 본 적이 많다. 책에서는 박물관에서 뭔가를 만져도 된다. 이 책에 나오는 아이는 상상력이 풍부한 것 같다.

내가 갔던 박물관은 그냥 전시물만 있는 게 아니라 소리도 나오는 박물관이었다. 남원민속박물관이었는데 단추를 누르면 창이 흘러 나왔다.

로봇 박물관에도 갔었는데 로봇의 역사도 알고, 조종법도 알게 됐다. 나도 책에 나온 아이처럼 상상하며 전시물을 봐야겠다고 생각했다. 그러면 박물관에서의 시간이 더 재미있을 것 같다.

관악초등학교 3학년 1반 정민구

선생님 의견

민구는 박물관을 여러 군데 다녀왔군요! 우리 친구들도 책을 읽을 때 자신의 경험을 연결하면 책 읽기가 더욱 재미있어질 거예요.

비교하는 일기 쓰기

선생님, 책 읽은 것을 일기에 쓰니까 좋아요!

그런데 내 이야기가 조금 들어가서 뭔가 일기라는 느낌이 적어요.

그럼 오늘은 책 속 인물이랑 나를 비교하는 일기를 써볼까?

난 왠지 비교하는 건 싫던데…….

넌 잘하는 게 없어서 그렇지? 난 상관없어.

나와 다른 사람을 비교하는 건 나쁜 거랬어.

타인이 나를 다른 사람과 비교하는 건 나쁠 수 있지. 하지만 내가 스스로 책 속 인물과 비교하고, 배울 점이 있다면 배우고, 또 내가 더 잘 한 것이 있다면 스스로에게 칭찬해주면 괜찮을 것 같은데?

책은 책이다?

고정욱 저, 백남원 그림, 《가방 들어주는 아이》, 사계절

아이들은 '책은 그저 책이다. 그러므로 우리의 삶과 연결되지 않는다'라고 생각한다. 실제 국어 수업에서도 '소설'을 '허구'로 배우니 그렇게 생각하는 것도 무리는 아니다. 하지만 책 속 이야기가 모두 허구는 아니며, 많은 책들은 우리의 삶을 반영한다. 예를 들어 《가방 들어주는 아이》를 쓴 고정욱 작가는 자신의 이야기를 책 속에 담았다. 이 책은 주인공인 석우와 장애를 가진 영택이가 스토리를 이끌어 간다. 불편한 다리 때문에 목발을 짚고 다니는 영택이를 도우려고 같은 반 친구인 석우는 매일 가방을 들어준다. 친구들은 석우를 바보라고 놀리지만, 석우는 영택이를 모른 척 할 수가 없다. 다리가 불편한 '영택'이가 바로 고정욱 작가다. 작가가 고등학교 때 겪은 일화를 초등학생으로 각색해서 이야기를 전하고 있다. 이외에도 《안내견 탄실이》, 《아주 특별한 우리 형》, 《네 손가락의 피아니스트》 등 고정욱 작가의 책에는 장애를 가진 주인공이 많이 등장한다. 본인이 겪은 이야기뿐만 아니라, 주변의 장애인들이 가진 사연을 책 속 이야기에 녹여 전달하는 것이다.

책을 읽고 얻는 것

책을 읽다보면 내 이야기 같기도 하고, 주변에서 한번쯤 겪은 이야기처럼 느껴질 때가 있다. 영택이처럼 장애가 있는 것은 아니지만 다리를 다쳐서 깁스를 하거나 다른 불편을 경험한 적이 있을 수도 있고, 석우처럼 몸이 불편한 친구의 가방을 들어준 경험이 있을 수도 있다.

우리는 책을 읽으며 책 속에 등장하는 인물을 만나고, 그들의 삶을 들여다본다. 삶 속에서 일어나는 문제와 그 문제를 해결하는 과정을 지켜보며, 그들의 방식을 엿본다. 이것이 간접 경험이 되어 비슷한 나의 과거를 되돌아보게 하고, 미래에 이런 일이 생긴다면 어떻게 판단하고 행동해야 할 것인지 기준을 마련하는 계기가 되기도 한다. 그래서 책을 읽는 것을 '마음의 양식'이라고 하고, 도서관을 '지혜의 보물창고'라고 하는 것 아닐까.

우리 아이들에게 책 속 인물과 나를 비교해보는 활동은 중요하다. 민구가 《가방 들어주는 아이》를 읽고, 자신과 석우를 비교하여 쓴 일기를 살펴보자.

가방을 들어준 석우와 나

2009년 9월 5일 목요일

오늘 학교 도서관에서 '가방 들어주는 아이'를 읽었다. 이 책에는 조기준 선생님, 서경이, 석우, 석우 엄마, 영택이, 영택이 엄마가 나온다. 석우의 성격은 겸손하고, 영택이는 순했다.

석우와 나는 공통점이 있고, 차이점도 있다. 공통점은 석우와 나는 2학년 때 생활하는 데 어려운 아이를 도와주었다는 것이다. 그리고 선생님께서 도와주라고 했을 때 당황했다는 것이다. 차이점으로는 석우는 장난꾸러기가 아닌데 나는 장난꾸러기이고, 또 석우가 영택이를 도와준다는 소문이 쫙 퍼졌지만 내가 예훈이를 도와준다는 소문은 퍼지지 않았다는 것이다.

지금도 가끔 예훈이를 만난다. 하지만 지금은 예훈이를 도와주지 않는다.

관악초등학교 3학년 1반 정민구

민구는 석우처럼 불편한 친구를 도와준 경험을 일기에 담으면서, 공통점과 차이점을 찾아 썼다. 책의 주인공과 비교하며 자신의 이야기를 쓰도록 지도해보자.

책 속 인물과 나를 비교해보기

황선미 저, 권사우 그림, 《나쁜 어린이표》, 이마주

《나쁜 어린이표》는 초등학생 권장도서로, 무엇이든 잘 하고 싶은 건우가 까마귀 날자 배 떨어지는 경험을 하는 이야기를 담고 있다. 개구쟁이고 말썽꾸러기 아이라도 친구들 앞에서는 대장 노릇도 하고 싶고, 대회에 나가면 상도 받고 싶고, 선생님께 칭찬도 받고 싶다. 그런데 하는 일마다 꼬이고 별로 잘못한 것 같지도 않은데 자주 꾸중을 듣는 아이의 마음은 어떠할까.

이러한 경험은 아이든 어른이든 누구나 있을 것이다. 나 역시 그러한 경험이 있다. 초등학교 6학년 때였다. 부산에서 살다가 서울로 전학을 온 나는 바닷가 사람답게 목소리가 큰 편인데다, 사투리를 심하게 썼다. 이런 내가 재미있어 보였는지, 뒷자리의 남학생이 자주 괴롭혔다. 하루는 참다못해 그 친구에게 한마디 했다.

"발 치아라."

그런데 내 목소리가 교실에 메아리쳤다. 난 그저 평소 말하던 대로 이야기한 것뿐인데, 온 교실이 울렸다. 하필 수업시간이었다. 담임선생님은 뒷자리의 친구 대신 나에게 주의를 주셨다. 내 잘

못이 아닌 일로 혼나는 것이 너무나 억울했다. 그 뒤부터 학교에서 입을 닫고 지냈다. 당시에는 굉장히 억울하고 서러운 시간이었지만, 지금 생각하면 덕분에 3개월 만에 사투리를 모두 고칠 수 있었다.

우리 친구들에게 책 속 상황이나 인물을 나와 연결 지어 생각해보고, 같은 점과 다른 점을 생각하도록 지도해보자. 다음의 표와 같이 정리해보았다.

등장인물	- 어떤 인물들이 등장했니? - 인물들은 각각 어떤 성격이었어?
이야기의 시작	-《나쁜 어린이표》의 이야기가 어떻게 시작되었지? -《나쁜 어린이표》 속 사건은 무엇이었니?
사건의 변화	- 사건은 어떻게 흘러갔어? - 사건 속 등장인물은 어떤 변화를 겪었니? - 주인공 또는 등장인물의 심리적 변화는 어땠지?
나와 등장인물 비교해보기	-《나쁜 어린이표》의 건우와 나는 무엇이 비슷하고, 어떤 게 다를까? -《나쁜 어린이표》 속의 등장인물 가운데 누군가와 비슷한 사람은? - 생각한 것을 이어서 글로 표현해보자.

나랑 닮은 건우, 그럼 나는 나쁜 어린이?

2016년 5월 9일

'나쁜 어린이표'의 주인공 건우를 보면서 나랑 비슷하다는 생각을 했다. 일부러 그러려고 했던 건 아닌데 넘어져서 화분을 깨거나, 친구가 먼저 괴롭혔는데 건우만 선생님께 걸려서 혼나는 걸 보면서 나랑 너무 똑같다는 생각을 했다. 얼마 전에도 수업 시간에 선생님께 걸려서 벌을 받은 적이 있다. 내가 일부러 그런 것도 아닌데, 뒤의 친구가 자꾸 어깨를 콕콕 찔러서 그런 건데, 나만 걸려서 억울했다.

등장인물을 관찰하고 비교하는 글쓰기

책 속에 등장하는 인물들의 성격을 관찰하고, 나 또는 주변 사람과 비교해봅니다. 하지만 성격을 관찰하고 비교한다는 것은 우리 친구들에게 조금 어려운 일이지요. 그러니 친구들이 쉽게 비교할 수 있게 유도질문을 해보세요.

* 거북이는 토끼에게 이겼지. 토끼보다 느린데 어떻게 이겼을까?
  ⇨ 쉬지 않고 열심히 기었으니 끈기가 있었던 것 같아.
* 그런 거북이의 성격은 어떤 것 같니?
  ⇨ 부지런한 것 같아.

이야기를 주고받으며 유추한 것을, 그렇게 생각한 이유와 함께 글로 옮기면 글쓰기가 훨씬 쉬워집니다.

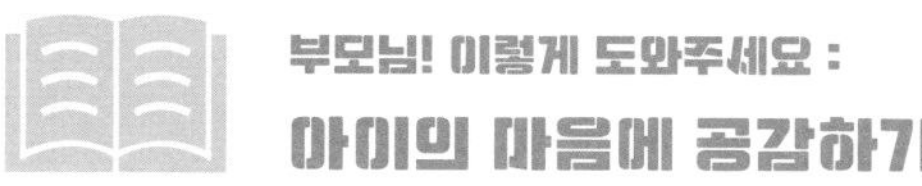

부모님! 이렇게 도와주세요 : 아이의 마음에 공감하기

책 속 등장인물과 비교하기의 첫발은 아이가 자신에게도 이런 추억이 있었는지 아닌지를 알게 하는 것이다. 하지만 아이들은 어제 있었던 일도 제대로 기억하지 못한다. 부모는 아이들의 성장과정이 눈과 머릿속에 남아 있어서 생생하게 그려지지만, 아이들은 아무 생각 없이 스쳐지나간 시간들이기 때문이다. 그래서 책의 인물과 나를 연결하기가 어렵다.

둘째, 어떤 면에서 비슷한지를 알게 하는 것이다. 대부분의 아이들은 주인공의 입장에서 주인공에게 닥친 상황만을 생각한다. 《가방 들어주는 아이》의 경우 주인공인 석우가 장애가 없는 아동이라는 점에서는 우리 아이들과 상황이 같지만, 아이들은 대부분 '우리 반에 장애아가 없는데?' 하거나, '난 장애 있는 친구 가방을 매일 들어준 적 없는데?'처럼 같아야만 비교할 수 있다고 생각한다.

하나에서 열까지 같아야만 비교할 수 있는 것이 아니라, 책 속에서 잡은 주제 하나를 비교하도록 지도해보자. 채인선 작가의 《삼촌과 함께 자전거 여행》에서는 '삼촌', '자전거', '여행' 중 한두 가지의 주제를 연결하면 된다. 만약 세 가지 중 한 가지도 연결되는 것이 없다면 비슷한 주제를 찾아보자. 가령 삼촌 대신 고모나 이모를 생각해보고, 여행 대신 소풍의 경험으로 연결하면 된다.

셋째, 아이들은 비교하는 것을 좋아하지 않는다는 것을 알아야 한다. 비교는 나쁜 것이라는 인식이 있기 때문이다. 이러한 비교가 교육 이전에 우리 아이들의 마음에 상처를 남길 수 있음을 이해해야 한다. 그래서 부모가 가장 신경 써야 할 것은 아이들의 마음에 토를 달지 않고 공감해주는 것이다. 그래야 아이들은 마음을 터놓고, 자신을 책 속 누군가와 비교할 수 있다.

첫째, 아이와 함께 기억 떠올리기

둘째, 비교의 주제를 함께 고민하기

셋째, 아이의 마음에 공감하기

아이의 일기 들여다보기

책 먹는 여우

8월	6일	목 요일	☼	하늘이 깨끗하고 맑음

오늘은 '책 먹는 여우'를 읽었다. 여우가 책을 도서실에서 훔치는데 그걸 경찰한테 걸려서 감옥에 갔다가 자기 혼자 책을 만들어 작가가 된다는 내용이다.

이 책에는 책 먹는 여우, 도서관 사서, 경찰, 빚나리 아저씨가 나온다. 주인공인 여우는 책을 좋아하고 어려울 때 꾀를 내어서 문제를 해결한다. 빚나리 씨는 뒷일을 생각하고 행동한다. 여우가 책을 먹을까 봐 미리 여우의 책을 복사해놓고 여우에게 책을 보여준다.

나는 만화책이나 동화책 중에서 재미있는 것만 보는데 여우는 동화책이든 만화책이든 상관하지 않고 본다. 나는 눈이 옆으로 길게 생겼는데 여우 눈도 옆으로 길게 생겼다. 여우가 나중에 작가가 되는데 그런 작가 여우랑 눈이 닮아서 좋다.

청룡초등학교 3학년 1반 한다현

재미있는 생각과 표현을 담은 동시 일기

선생님 저는 일기 중에서 동시 일기가 제일 좋아요.

왜?

그건 한 줄에 글을 많이 안 써도 되기 때문이에요.

넌 글자가 커서 원래도 한 줄에 몇 글자 안 쓰잖아.

그럼 민구는 동시를 잘 쓰나보구나?

아니에요. 민구 동시는 무슨 내용인지 전혀 모르겠어요.

사실 동시는 잘 못 써요.

그럼 오늘은 동시로 일기 쓰는 방법을 제대로 배워볼까?

시 이해하기

동시란 어린이를 독자로 삼아 어린이의 심리와 정서로 표현한 시를 말한다. 문학에서 아동이 쓴 시는 '아동시'로 분류하기도 한다. 동시의 특징은 첫째, 소리 또는 운율에 따른 음악성이다. 동시는 동요에서 시작되었으며, 동요의 정형률을 깨뜨리고 내재율(시어의 배치에서 느끼는 잠재적 운율)과 산문율을 지닌 것이 특징이다. 둘째, 동시는 서정적인 상상력을 지니고 있다. 셋째, 동시는 함축적인 글로 이루어진다. 아이들도 그런 이유로 짧아서 좋다고 이야기 한다. 넷째, 비유와 상징이 많이 포함되어 있다. 다섯째, 아이들의 일상생활을 시의 언어로 새롭게 나타낸다. 그렇기에 일기로 적합한 것이다.

시를 쓰기 위해서는 먼저 시를 감상하고 시 속에 담긴 이야기를 이해할 수 있어야 한다. 박목월 시인의 〈엄마하고〉의 앞부분을 떠올려보자. 시는 엄마와 화자인 '나'가 길을 걸어 갈 때의 상황을 이야기하고 있다.

박목월 시인은 〈엄마하고〉 속에서 어떤 이야기를 전하고 싶었던 것일까? 시를 제대로 이해하기 위해서는 인물, 상황의 발단, 전개, 결말을 정리할 수 있어야 한다.

우선 시에 등장하는 인물을 살펴보자. 이 시에는 말하는 '나'와,

'나'가 말하는 이야기 속에 등장하는 엄마가 있다. 시 속에 나타난 상황은 '나'는 엄마하고 길을 가면 키가 더 커진다는 것이다. 왜 그럴까? 엄마가 목마를 태워주셨나? 엄마가 쑥쑥 크라고 맛있는 것을 사주셨나? 이러한 생각을 하며 시를 읽어야 시와 친해지고 수월하게 이해할 수 있다.

시를 정확하게 풀이하기는 쉽지 않다. 그래서 시를 '모호하다'고 말한다. 정답을 찾을 수는 없지만, 시를 이미지로 그려보고, 이해하려는 노력을 해야 하는 것이다.

긴 글을 짧은 글로 바꾸는 요약의 힘 키우기

시는 긴 글로 쓸 이야기를 짧은 문장으로 바꾼 것이라고 생각할 수 있다. 우선 한 가지 주제에 대해 자신의 생각을 정리해보자. 예로 '봄'을 노래해보았다.

> 나는 계절 중에서 봄이 가장 좋다. 봄은 아질아질 아지랑이도 피고, 병아리처럼 귀엽고 노란 개나리도 피고, 분홍색 진달래가 수줍은 볼 마냥 예쁘게 피어 있어서 좋다.

이 글을 다음과 같이 시로 옮길 수 있다.

봄

박점희

1년 4계절 중
파릇파릇한 봄이 좋다.

아질아질
아지랑이도 피어오르고

귀엽고 노란 병아리 같은
개나리도 꽃봉오리를 터뜨리고

수줍게 분홍분홍 붉힌
진달래가 있는 봄이 좋다.

동요를 이용하여 동시 쓰기

동시는 책을 읽고도 가능하다. 오래 전에 3학년 친구 몇 명과 고구려를 주제로 수업할 때의 일이다. 고구려에 관한 책 두 권을 읽고, 알게 된 것으로 이야기를 나누고 정리한 후 시를 쓰게 했다.

전호태 저, 《고구려 사람들은 왜 벽화를 그렸나요?》, 다섯수레

전호태 저, 《고구려 나들이》, 보림

처음엔 아이들에게 한 사람씩 시 한 편을 써보자고 제안했는데, 어렵다는 아우성에 2~3명씩 모둠을 묶어주었다. 그리고 〈옹달샘〉이라는 동시 동요를 들려주었다. 그런 다음 아이들과 함께 글자 수를 고려하고, 고구려의 내용이 담기도록 활동하게 했다. 아이들이 쓴 '고구려의 이야기를 담은 시'를 만나보자.

고구려

옛날 옛적 고구려 누가 만들었을까?

알~에서 태어난 고주몽이 세웠지.

고구려 사람들 용맹스런 사람들

역사 속으로 사라져 벽화 속에 있지요.

자, 그럼 다음과 같은 순서로 시에 들어갈 내용을 정리해보자.

등장인물	- 어떤 사람, 동물, 사물을 등장시킬 것인가?
시의 주제	- 어떤 이야기로 시작할 것인가? - 이야기 중 중요한 세 가지는 무엇인가? - 한 연에 하나씩 중요한 내용을 어떻게 담을 것인가?
비유와 운율을 창의적으로 정리하기	- 운율을 어떻게 맞추면 좋을까? - 무엇을 어떻게 비유하면 좋을까? - 주인공 또는 등장인물의 심리적 변화는?

이야기가 있는 동시 쓰기

동시는 함축의 의미가 담겨 있어야 제맛이지요. 그래서 한 줄을 쓰더라도 핵심적인 부분을 찾아 써야 맛을 살릴 수 있어요. 하지만 우리 아이들이 함축적인 의미가 담긴 단어를 찾아 쓰기란 쉽지 않습니다. 그래서 시 쓰기가 쉬우려면 요약하는 힘을 길러야 합니다. 글을 읽고 글 속에서 중요한 핵심 부분을 꺼낼 수 있게 도와주세요. 요약하는 힘을 키우면 멋진 동시뿐만 아니라 학습에도 큰 도움이 된답니다.

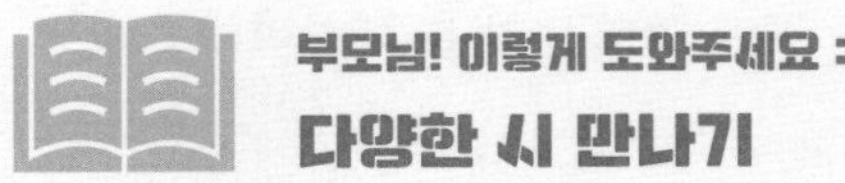

부모님! 이렇게 도와주세요 :
다양한 시 만나기

아이들은 일기장에 시 쓰기를 좋아한다. 짧게 몇 자만 써도 한 줄이 되고, 일기장 한 페이지를 쉽게 채울 수 있기 때문이다. 그래서 앞에서 본 〈봄〉과 같이 쓰고 싶은 글을 중간에 대충 끊어서 쓴다.

반면 부모들은 시 쓰기가 가장 어렵다고 한다. 행과 연을 맞추고, 꾸며주는 말, 운율 등 갖춰야 할 것을 먼저 고민하기 때문이다. 종종 아이들이 쓴 시가 마음에 들지 않아서 "이게 시야?"라는 말로 드러내기도 한다.

시는 자유롭게 쓰는 자유시를 비롯하여, 긴 문장으로 쓰는 산문시까지 매우 다양한 형식으로 쓸 수 있다. 그러므로 아이들에게 너무 많은 고민을 하게 하여, 시는 어렵다는 인식을 심어주지 않는 것이 좋다. 일단 시를 쓰는 재미를 느낀 후에 조금씩 좋아지는 형태로 글을 수정해도 늦지 않다. 그러기 위해서는 재미있는 시를 많이 보여주는 것도 좋은 방법이다.

윤구병 시인의 〈여름이 왔어요〉 : 뜨거운 여름을 맞이한 사람들의 풍경을 하나씩 늘어놓았다.

이유정 시인의 〈여름엔 무엇을 할까?〉 : 여름에 무엇을 하면 좋은지에 대해 3연으로 나열되어 있다.

두 개의 시는 여름이라는 주제는 같지만 풀어쓴 방식, 반복과 운율 면에서 차이가 있다. 이렇게 다양한 시를 보여주면 아이들의 시 쓰기 능력을 향상시킬 수 있다.

첫째, 다양한 시 만나기

둘째, 시에 담을 내용 이야기 나누기

셋째, 잘 쓰지 못해도 자주 쓰기

아이의 일기 들여다보기

신라는 왜 황금의 나라라고 불렸나요?

9 월	5 일	목 요일	☀	더웠던 날

'신라는 왜 황금의 나라라고 불렸나요?'라는 책을 읽었다. 고구려 동시를 쓴 친구들처럼 써보았다.

삼국을 통일한 신라 누가 세웠을까?
알에서 태어난 박혁거세가 세웠지.

신라는 황금의 나라
신라는 청동의 나라

신라의 작품들
널리 알려졌지.

관악초등학교 3학년 1반 정민구

선생님 의견

와! 신라의 화려한 유물들이 눈에 보이는 것 같네요. 모방은 창의의 시작이라는 말이 있어요! 이렇게 따라 하다 보면 나만의 새로운 글을 쓸 수 있게 될 거예요.

2장

학습력을 높여주는 학습 일기

과학 일기 :
배운 것을 정리하는 일기 쓰기

선생님! 저는 과학이 너무 어려워요.

어! 나는 과학 일기를 쓰고 있어서 과학이 제일 재미있는데!

과학 일기? 그게 뭐야?

자. 그럼 오늘은 학습 일기에 대해 알아보자.

학습 일기요? 과학 일기가 아니고요?

민구가 쓴 과학 일기도 학습 일기 중 하나란다. 공부한 내용을 일기에 담는 것인데, 복습의 효과도 있지.

와! 복습하는 효과가 있다고요? 그럼 당연히 공부를 잘하게 되겠네요?

학습 일기란

학습 일기는 이름 그대로 학습한 내용을 담은 일기를 말한다. 학습을 한자로 풀면, 배울 학(學)자에 익힐 습(習)자로 즉, 배워서 습득한 것을 의미한다. 배워서 습득한다는 것은 학교의 교과목뿐만 아니라 다양한 배움을 주제로 할 수 있다.

* 수학을 담으면 '수학 일기'
* 사회를 담으면 '사회 일기'
* 영어를 담으면 '영어 일기'
* 이외에도 '피아노 일기' '태권도 일기' 등

학습 일기는 하루 동안 공부한 내용을 일기 형식으로 자유롭게 쓰는 것을 말한다. 일기를 쓸 때 공부한 내용을 중심으로 쓰면 복습하는 효과가 있고, 느낌 위주의 서술형 글을 쓰면 글쓰기 훈련의 효과가 있다.

많은 과목 가운데 아이들이 더 잘하고 싶거나, 잘 못해서 어려운 것 등 자신이 일기로 옮기고 싶은 학습 주제를 선정하면 된다.

학습 일기는 언제 어떻게 쓸까

공부를 잘하기 위해서 새 학기에 새롭게 시작하는 것이 있다. 바로 '스터디 플래너' 작성이다. 하지만 매일 플래너를 작성하고 학습 계획을 실천하기란 쉽지 않고, 작심삼일을 몇 번 경험한 후에는 포기하고 만다. 그래서 플래너를 잘 쓰는 것 보다, 학습 일기 쓰기를 제안한다. 학습 일기는 스터디 플래너와 같이 작성할 수 있다.

＊ 학습에 대한 계획을 세웠을 때 쓰는 일기

⇨ 학습 계획을 어떻게 세웠는지 기록

⇨ 실천한 부분과 실천하지 못한 부분 기록

⇨ 실천하지 못한 이유 등을 자세히 기록

⇨ 나머지 분량은 언제 학습할 것인지 기록

학습 일기는 복습을 마친 후 또는 저녁 일과가 끝난 후에 작성하는 것이 좋다. 복습을 마친 후에 작성하면 조금 전의 복습 과정에서 꼭 기억해야 할 것을 기록하면 되므로 자연스럽게 중요한 것을 가려내어 기억하는 효과가 있다. 반면 일과가 끝난 후에 작성하면 오늘 익힌 것 가운데 복습하지 못한 과목을 살펴보는 효과가 있고, 복습 효과를 가진다.

* 학습한 후에 쓰는 일기

⇨ 학습 시간 기록

⇨ 학습 내용 정리

⇨ 새로 알게 된 내용을 기록

⇨ 자신의 생각 적기

학습 일기는 학교에서 배운 교과목 외에도 다양한 학습을 기록할 수 있다. 예를 들어 피아노 학원에서 익힌 음악이론이나, 오늘 연주한 곡을 바탕으로 작성할 수 있다. 또 방과 후 수업에서 실험을 하였다면, 오늘 했던 실험을 토대로 다음과 같은 내용으로 일기를 작성할 수 있다.

* 실험 한 후에 쓰는 일기

⇨ 실험 내용을 순서대로 자세히 기록

⇨ 그림을 그려 실험 내용 보충

⇨ 실험 결과 기록

⇨ 실험을 통해 알게 된 것 정리

학습 일기를 쓸 때 주의할 점은 학습을 마친 것에 대해 기록해야 한다는 사실이다.

학교에 다녀와서, 영어 학원을 다녀와서, 수학 숙제를 하고…….

이처럼 학습과 관련하여 한 일만 나열하는 것은 학습 일기로써 의미가 없다. 오늘 학습한 것 가운데 누군가와 대화를 하면서 알게 되었을 경우, 미디어(컴퓨터, 책 등)를 통해 정확한 내용을 확인하고 기록하여야 '카더라'가 아닌 '학습'이 된다.

＊ 학습 일기를 쓸 때 주의할 점

⇨ 평소 쓰던 일기 형식으로 부담 없이 시작한다.

⇨ 책이나 인터넷 등 다른 자료를 활용하여 더 정확하게 알고 쓰도록 한다.

민구의 학습 일기

민구는 자신이 좋아하는 과학을 주제로, 수업 시간에 배운 것이나 방과 후 교실에서 배운 것을 일기에 담았다.
학습 일기를 기록하기 위해 '학습 일기장'을 따로 만들어도 좋고, 평소 사용하는 일기장에 기록해도 좋다.

＊ 학습 일기장을 따로 만들면

⇨ 장점 : 한 가지 주제가 같은 곳에 모여 있으니 찾기 쉽다.

⇨ 단점 : 여러 권의 학습 일기장을 관리해야 하므로 불편하다.

* **평소 쓰던 일기장에 기록하면**

⇨ 장점 : 한 권 안에 부담 없이 매일 기록할 수 있다.

⇨ 단점 : 복습을 위해 다시 찾아보기 어렵다.

민구는 평소 쓰던 일기장에 학습 일기라는 이름을 붙여 기록하였다.

점차 일기 쓰기가 습관화 되고, 여러 가지 일기장을 스스로 관리할 수 있을 때 과학 일기장을 따로 만들었다. 민구는 과학 일기 속에 방과 후 수업시간에 받은 학습 자료를 함께 엮어서 작성했다.

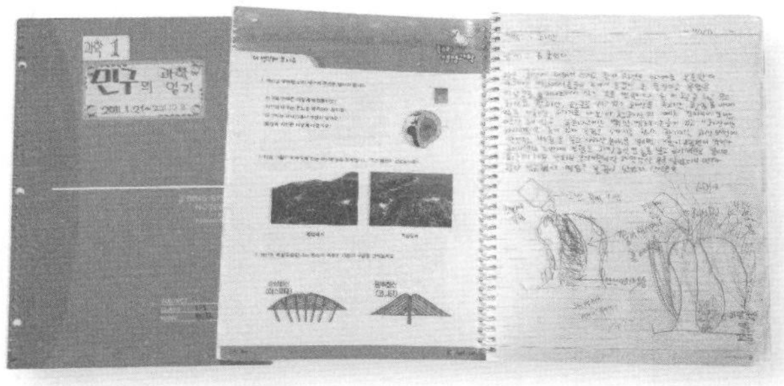

학습 자료를 바탕으로 일기를 작성하면 복습은 물론, 일기의 내용이 풍부해지고 기록도 쉬워진다.

또한 학습에 대한 이해력과 사고력, 문제해결 능력이 좋아진다. 일기를 쓰기 위해 배운 것을 떠올리며 글로 옮기는 과정에서 학습 능력이 향상되고, 언어 능력과 글쓰기 능력이 길러진다.

복습하는 학습 일기

좋은 성적을 올리는 친구들의 공부비법 가운데 한 가지는 학습 일기입니다. 학습의 효과를 높이는 것은 앞서 배우는 선행학습이 아니라, 오늘 배운 것 또는 배운 것 가운데 모르고 지나간 것을 확인하는 복습 위주의 공부법이지요. 그러나 이미 배운 것을 다시 학습한다는 것은 귀찮고 지겨운 일입니다. 그래서 학습 일기를 통해 정리를 하면 복습도 하고, 일기도 쓸 수 있으니 더욱 능률이 오르게 되지요. 단 오늘 배운 것을 나열하는 일기를 쓰기보다, 오늘 배운 것 가운데 어려웠던 것을 다시 확인하고, 익히는 일기를 쓰도록 합니다.

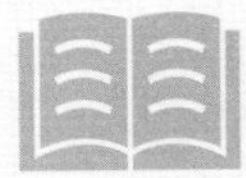

부모님! 이렇게 도와주세요 :
관심 있는 것부터 복습하기

학습 일기라고 해서 학교에서 공부한 내용을 중심으로 생각하게 하면 일기 쓰기가 어려울 수 있다. 그러므로 처음 시작하는 단계라면 아이가 좋아하는 배움을 주제로 하거나, 방과 후 교육과 같이 쓸 내용이 풍부한 것부터 시작하는 것이 좋다.

부모의 물음	아이의 답
어떤 학습 일기를 쓰고 싶어?	과학실험
과학시간이 좋았나보네?	소리의 전달을 실험했는데 재미있었어
그럼 배운 내용을 정리해볼까?	소리는 환경에 따라 다르게 전달된다.
새로 알게 된 것이 있어?	소리는 공기가 있어야 전달된다는 것
오늘 학습한 느낌을 이야기해볼까?	똑같은 것도 가끔 소리가 다르게 들리는 걸 알고는 있었는데, 그게 환경 때문인지 몰랐다. 참 신기했다. 그리고 소리는 공기가 없는 곳에서는 안 난다고 했다. 그런데 갑자기 궁금해졌다. 방음벽이 있는 피아노 방은 소리가 잘 안 들리던데, 그럼 공기가 없는 건가? 그것도 알아봐야겠다.

아이의 일기 들여다보기

에너지 공급 연구소의 의뢰

6 월 23 일 화 요일	☼	진짜 덥다 더워!

풍속이란 바람의 속력을 말한다. 풍속은 풍속계나 바람개비 등으로 알아볼 수 있다. 내가 만든 풍속계는 '다빈치의 풍속계'다. 내가 만든 '다빈치의 풍속계'는 눈금의 간격이 일정하지 않고 줄이 너무 짧았다. 측우기의 구성은 돌(받침대), 통(빗물을 받아 빗물을 측정)이다. 눈이나 우박은 녹여서 측정한다. 그리고 우량계를 만들었는데 개선할 점은 눈금이 정확해야 하고, 위아래의 넓이가 똑같아야 하고, 바닥이 평평해야 하고, 바닥에 물이 튕겨 들어가면 안 된다. 오차를 줄이는 방법은 넘어지면 안 되고, 넘치면 안 되고, 물이 증발하면 안 되고, 물이 튕겨서도 안 되고, 동물이 마셔서도 안 된다.

관악초등학교 3학년 1반 정민구

선생님 의견

학습 일기는 지금까지 쓰던 일기장에 쓰는 것도 좋지만, 학습 일기장을 따로 마련하여 기록해보세요. 만약 낱장의 종이에 쓴 학습 일기라도 버리지 말고 차곡차곡 모은다면 포트폴리오가 될 수 있어요.

생각 일기 :
생각을 정리하는 일기는 공부의 기본

난 가을이 좋아! 선생님은 어떤 계절을 좋아하세요?

선생님은 다른 계절보다 겨울이 낫더라! 하지만 추운 날씨는 싫고.

에이. 그럼 겨울이 가장 좋은 게 아니잖아요.

그래서 겨울이 낫더라고 했지. 눈이 오는 건 좋은데, 길 미끄러운 건 싫고. 덥지 않아 좋긴 한데, 윙윙 소리 내는 추운 날씨는 싫고. 무엇보다 선생님 생일이 있어 좋긴 한데, 추우니 어디 가긴 싫고.

아하! 좋고 싫은 게 다 있어서 낫다고 하신 거군요.

전 5월이면 꽃도 피고, 바람도 좋고, 햇볕도 좋아요. 제일 좋은 건 학교에서 소풍가기 때문이고요, 또 어린이날이 있어서 좋아요.

아! 그렇구나. 그럼 오늘은 계절을 정리해볼까?

생각 정리하기

봄 처녀, 가을 남자라는 말이 있듯 여자와 남자가 선호하는 계절이 다르다고 한다. 양성평등의 시대에 여자 남자로 나누기는 그렇지만, 사람마다 좋아하는 계절이 다른 것은 확실하다. 그렇다면 계절마다 어떤 특징이 있기에 선호하는 것이 다를까?

	봄	여름	가을	겨울
기간	입춘(2월 4일경) ~	입하(5월 5일경) ~	입추(8월 7일경) ~	입동(11월 7일경) ~
의	두꺼운 외투 벗음 밝은 색상	얇고 짧은 옷 샌들 신음	긴 소매의 옷 색상 진해짐	내의, 목도리 착용 두꺼운 외투
식	봄나물	보양식 미역오이냉국	햇과일 햅쌀과 햇곡식	동치미 김장 김치
주	건조한 날씨로 집 안도 건조함	무더위로 창과 방문 열고 지냄	더위가 물러나 창문을 닫게 됨	따뜻한 온돌과 난방 기구 사용
생활	나물 캐기 모내기 봄맞이 대청소	보리 수확 여름 과일 수확 선풍기, 에어컨 사용	추수 채소, 과일 거둠	휴식 비닐하우스 농사 월동준비
행사	결혼 이사	방학 휴가	운동회	김장
놀이	쥐불놀이 농악놀이 꽃구경	창포 머리감기 천렵	강강술래 단풍구경	썰매타기 눈싸움 스키

날씨	꽃샘추위 춘곤증 겨울잠에서 깸 황사현상 심한 일교차	장마 온도 높음 열대야 집중호우 태풍	심한 일교차 가을장마 천고마비 서리 내림 안개 낌	추운 날씨 건조함 눈 내림 강한 바람

생각을 정리하는 다양한 방법

공부를 잘하는 사람과 그렇지 않은 사람의 차이는 중요한 내용을 잘 정리하느냐 아니냐의 차이라고 한다. 최고의 생각도구로 꼽히는 마인드맵도 읽고 분석하고 기억하는 것을 마음속에 지도를 그리듯 정리하는 것에서 시작되었다.

또 다른 방법으로 연꽃기법이 있다. 이는 '연꽃만개법' 또는 'MY 기법'이라고도 하며, 불교의 만다라 형태와 유사하다고 하여 '만다라트'라고도 불린다. 만다라트란 Manda+la(목적달성)+art(기술)가 결합된 것이다. 이는 브레인스토밍을 확장한 형태로 하나의 주제에 대한 하위 주제를 설정하고 생각을 확장해가는 방식이다.

다음 그림을 예로 살펴보면, 중앙에 핵심어인 '봄'을 쓰고, 봄과 관련된 분류 기준을 화살표로 연결된 칸에 하나씩 기록한다. 그리고 각 칸의 가운데 중심 단어의 기준에 맞춰 하얀색 칸에 생각을 하나씩 정리하면 된다.

				냉이	달래			창문 열기
	의			식			주	
			의	식	주		진달래	개나리
	기타		기타	봄	자연		자연	
			날씨	놀이	행사			
꽃샘 추위								소풍
춘곤증	날씨			놀이			행사	입학식
황사 현상								식목일

민구의 생각 일기

민구의 6학년 담임선생님께서는 학생들에게 일기 주제를 정해주었다.

* 타임머신이 있다면 가장 가보고 싶은 시기
* 가장 좋아하는 음식, 가장 싫어하는 음식
* 가장 마음에 드는 급식 메뉴

이렇게 주제를 정한 이유는 아이들이 무엇을 써야 할지 잘 모르겠다는 반응 때문이기도 했지만, 아이들을 파악하기 위한 수단으로 활용한 것이다.

가장 좋아하는 음식, 가장 싫어하는 음식

＊ 좋아하는 음식 3위 : 닭가슴살 샐러드

닭가슴살이 담백하고 샐러드에 들어가는 양상추와 치즈 등의 재료들이 맛있고 소스도 맛있다. 뭔가 신기한 맛이 있어서 중독성이 있다.

＊ 좋아하는 음식 2위 : 문경약돌한우

문경약돌한우는 우리나라 한우 중 단연 으뜸이라고 할 수 있다. 특히 육회가 싱싱하고 고소하다. 우리 가족이 즐겨먹는 메뉴는 차돌박이와 갈비살이다.

＊ 좋아하는 음식 1위 : 돌솥비빔밥과 콩나물국밥

＊ 돌솥비빔밥 : 나는 일단 뜨거운 음식을 좋아하고 거기에 들어가는 나물들도 맛있다. 돌솥비빔밥 중 가장 맛있던 것은 오징어가 들어간 비빔밥이다. 그리고 고추장도 맛있는데, 지금은 한약을 먹고 있어서 매운 것을 못 먹는다.

* 콩나물국밥 : 콩나물국밥은 뜨겁지만 맛있다. 그리고 김치, 콩나물, 밥은 기본으로 들어가고 계란과 김은 자기 취향대로 넣을 수 있다. 그리고 매콤하고 따뜻하고 시원해서 좋다.

* 싫어하는 음식 : 피자

맛있긴 한데 너무 기름지고 느끼한데다 원래 서양음식을 싫어해서 더 싫은 것 같다. 그리고 몇 조각만 먹어도 배가 불러서 싫다.

초등학생의 일기에서 보면 그저 일기를 쓰기 위한 하나의 주제에 지나지 않지만, 모이면 자신을 밖으로 드러낼 자기소개서의 바탕이 되는 것이다.

정리하는 방법을 배워요.

요즘 우리 친구들을 보면 말은 유창하게 하지만, 그것을 글로 나타내는 실력은 미흡한 경우가 많지요. 자신의 말을 글로 잘 표현하지 못하는 이유 중에 하나는 자신이 아는 것과 자신의 생각을 정리하는 방법을 잘 모르기 때문이에요. 앞의 표와 같이 하면 생각을 정리하기가 쉬워집니다. 물론 이외에도 생각그물을 이용하면 생각을 정리하는 데 도움이 되지요. 부모님께서 일일이 정리해주시기보다, 아이들이 직접 정리할 수 있도록 이끌어주세요.

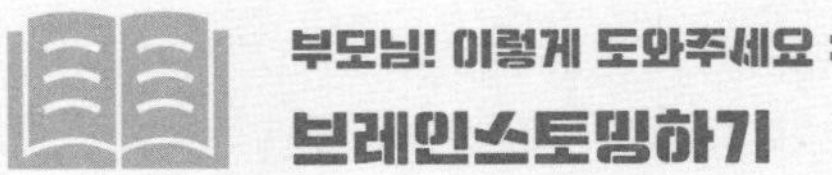

연꽃기법을 사용할 때 하나의 주제로 여덟 가지를 떠올리기 힘든 저학년이나 처음 이 방법을 사용하는 친구들에게 아래와 같이 네 가지 정도로 활용할 수 있다.

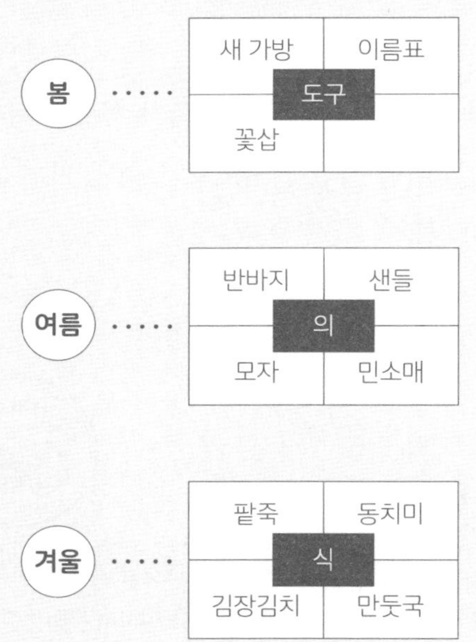

작성하는 과정에서 생각이 나지 않는다면, '봄'의 예와 같이 비워두어도 좋다. 다음에 생각나는 것이 있다면 채우면 되고, 생각이 떠오르지 않았다면 그대로 두어도 된다.

이렇게 정리한 내용을 바탕으로 일기를 쓰도록 유도해보자.

다만 부모는 아이 혼자 하기 힘든 내용 정리와 어떻게 쓸 것인지에 대한 이야기를 듣는 것으로 도움을 끝내야 한다. 잘 쓰건 못 쓰건 일기는 스스로 써보도록 지도해야 단어로 정리한 것을 문장으로 만드는 실력을 향상시킬 수 있다.

아이의 일기 들여다보기

내가 좋아하는 계절

10월 1일 목 요일	(바람)	바람이 많이 부는 날

오늘은 10월의 첫날이고 계절은 가을이다.

내가 좋아하는 계절은 여름과 겨울이다. 왜냐하면 여름은 수영장이나 바닷가를 갈 수 있고, 겨울은 눈싸움을 할 수 있기 때문이다. 그런데 여름이랑 겨울은 좋긴 하지만 여름은 너무 더워서 구이가 될 것 같고, 겨울은 너무 추워서 얼음이 될 것 같아서 조금 안 좋다. 또 겨울은 봄에 핀 꽃이 추위에 얼어 죽어서 안 좋은 것 같다.

관악초등학교 3학년 2반 양지훈

아이의 일기 들여다보기

마지막 오월

5 월 31일 원래 웃는 날	☼	살랑살랑 바람 부는 날

아~ 이렇게 좋은 오월이 날라가 버리네.

그리고 새로운 유월이 온다네.

저는 아주 슬픕니다. 오월이 날라 가서.

오월아, 다시 돌아와라.

관악초등학교 2학년 5반 정유진

✔ 선생님 의견

5월이 가고, 6월도 가고해서 7월이 와야 유진이가 회장을 하지. 그래도 5월을 붙잡고 싶니? (아니요.) 5월이 좋은 이유는 무엇일까?(5월은 우리들의 달이에요.)

추론 일기 :
원인과 결과를 연결하는 일기 쓰기

♪ 가을이라 가을바람 솔솔 불어오니~~~ 사계절이 뚜렷한 한국이 역시 좋아!

에이. 그건 옛말이지. 요즘은 봄과 가을이 짧아져서 찾아보기 힘들다고.

왜?

지구온난화 때문이지. 지구가 자꾸 더워지고 있잖아.

그래. 봄과 여름이 일찍 찾아오고, 겨울은 예전만큼 춥지 않다는 것이 문제지.

아. 언젠가 본 적 있어요. 지구가 뜨거워져서 북극의 얼음이 녹고, 얼음이 녹기 때문에 바닷물의 높이가 높아져서 투발루가 사라진다고요.

오~~~ 민구가 원인과 결과를 정확하게 짚고 있구나. 그럼 오늘은 원인과 결과를 연결하는 일기를 써보자.

원인과 결과

* 원인 : 어떤 사물이나 상태를 변화시키는 근본이 되는 일이나 사건
* 결과 : 어떤 원인으로 생긴 것 또는 생긴 상태

원인과 결과는 '무엇 때문에 어떠하다'의 형태로 아주 밀접한 관계를 맺고 있다. 이러한 관계를 '인과관계'(因 인할 인, 果 열매 과, 關 관계 관, 係 이을 계)라고 한다.

어제 밤늦게까지 게임을 해서 아침에 늦게 일어났다.

늦잠을 자서 학교에 지각했다.

수업 시간에 졸다가 선생님께 혼났다.

혼나고 벌로 화장실 청소를 하게 되었다.

청소를 하는데, 친구들끼리 축구를 해서 짜증이 났다.

이렇게 원인과 결과가 명확하려면 누가 보아도 인정할 수 있도록 논리가 튼튼해야 한다. 가령 '놀이터에서 놀 수 없었다'를 살펴보면 그 원인이 첫째, 기온이 35도까지 올라가서 너무 더워서인지 둘째, 놀이터 놀이기구가 뜨거워져서인지 셋째, 친구들이 없어서인지 등 다양한 원인을 크기나 중요도 순서로 나열해보는 것이다. 합리적이고 튼튼한 논리를 세우는 데 도움이 된다. 인과

관계는 여러 가지 상황 속에서 꼬리에 꼬리를 물고 일어나며, 이는 순환의 형태로 나타나기도 한다.

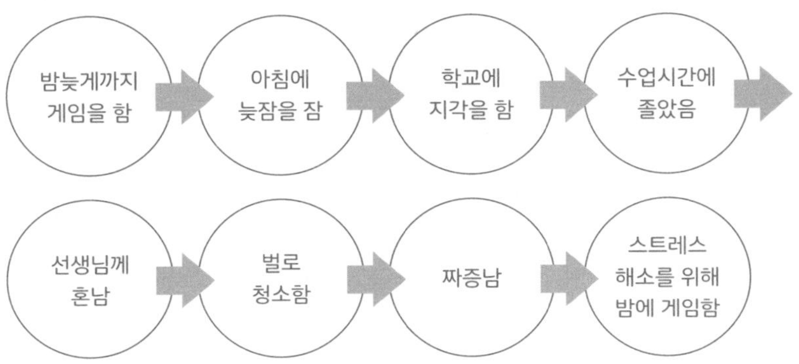

실제 생활은 끊임없이 반복되는 원인에 영향을 받아 새로운 결과를 만들어간다.

뉴스로 원인과 결과 찾기

우리가 사는 세상은 빈곤, 기아, 성불평등, 에너지 고갈, 불평등 등의 문제들이 다양한 원인에 의해 발생한다. 세계는 이러한 문제들을 해결하기 위해 끊임없이 원인을 찾으려고 노력한다. 그 결과가 2015년 유엔 총회에서 채택한 '지속가능발전목표'다.

아이들에게 뉴스를 활용해 원인과 결과를 학습하게 하고, 지식과 지혜를 채우는 경험을 맛보게 해보자.

<신나는 신문>

날로 심각해지는 지구온난화

지구는 인류가 뿜어내는 여러 종류의 공해와 가스 등으로 점점 데워지고 있다. 이러한 현상을 '지구온난화'라고 한다. 지구온난화는 이름 그대로 지구가 따뜻해지는 현상이다.

지구가 따뜻해지면서 환경에 많은 변화가 생겼다. 우선 날씨가 따뜻해지면서 봄은 예전보다 일찍 찾아오고, 길어진 여름은 열대·아열대성 폭우와 해일 강타 등의 재해를 일으켰다. 또 늦게 시작되는 가을은 오는 듯 마는 듯 지나갔으며, 추운 날보다 따뜻한 날이 더 많고 눈 대신 비가 내리는 겨울까지 맞게 되었다.

이러한 이상 기후는 어느 한순간 시작된 것이 아니라 오랜 세월 꾸준히 변화하며 인류와 생태계를 위협하고 있다.

한 과학자는 지구온난화로 겨울이 따뜻해지면, 겨울을 봄으로 착각하고 일찍 작업 나간 꿀벌들이 양식은 얻지 못하고 에너지 소모만 늘어 점차 사라지게 된다고 보고하였다. 물리학자 알버트 아인슈타인은 "지구에서 꿀벌이 사라지면 어떤 동물도 4년 이상 생존하지 못할 것"이라고 말한 바 있다.

영국은 따뜻한 가을을 맞아 5월에 개화하는 대표적 봄꽃인 라일락이 11월에 꽃을 피우기도 했으며, 우리나라에서도 대표적인 가을꽃 코스모스가 6월에 만개하는 이상 현상을 빚기도 했다.

학계 일부에서는 사스나 조류독감 그리고 신종플루 등의 발생 또한 기후환경 변화와 관련이 있다고 보고, 현재와 같이 환경이 계속 악화된다면 10~20년 후에는 더 큰 기후환경 재해와 악성 바이러스균이 지금보다 더 기승을 부릴 것이란 보고를 내놓고 있다.

박점희 기자

뉴스를 읽고 원인을 찾고, 그것으로 인해 나타나는 결과를 정리해보자.

창의적 발상법을 통한 추론

어떤 판단을 할 때에는 근거가 제시되어야 한다. 토론 수업에서 강조하는 점은 '타인에게 내 주장을 설득시키려면 근거가 명확해야 한다'이다. 추론을 학습하는 가장 재미있는 방법은 탐정소설을 읽거나, 추리를 바탕으로 구성된 영화를 보는 것이다. 글 속의 내용과 영화의 전개 과정에서 드러난 사실을 바탕으로 미루어 짐작해보는 것이다.

우리가 읽는 글이 매우 친절해서 궁금한 것이 전혀 없도록 잘 쓰였다면 추론이 필요 없겠지만, 대부분은 직접 드러내지 않고 내용에 무언가를 숨겨서 제시한다. 탐정소설이나 추리극이 더 재밌게 느껴지는 이유다. 이런 추론에 필요한 능력이 바로 창의적 사고력이다.

창의적 사고력은 교육에서 추구하는 역량 중 하나다. 창의성이란 새로운 아이디어이며, 현실적으로 사용 가능하여야 한다. 이제 정보와 지식은 사람의 머릿속에 있지 않다. 다양한 미디어 속에 널린 지식을 자기 것으로 만들고 활용할 줄 아는 능력이 곧 창의성이다.

많이 알고 있는 창의적 발상법 몇 가지를 소개한다. 이 중에서 내 아이가 잘 할 수 있는 것을 선택하여 활동하고 일기로 옮겨보자.

＊ 브레인스토밍(Brainstorming) : 특정한 주제(문제)에 대해 짧은 시간에 많은 아이디어를 생성하게 하는 기법

⇨ 어떤 일에 대한 원인과 결과 찾기.

⇨ 그림, 시, 이야기, 뉴스를 보고 떠오르는 생각 말하기.

⇨ 미디어 속 등장인물의 행동에 대한 생각 말하기.

＊ PMI(plus, minus, interesting) : 제안된 아이디어의 장점, 단점, 흥미로운 점을 따져 본 후 그 아이디어를 평가하는 기법으로 아이디어를 집중적으로 분석해보고자 할 때 활용

⇨ 문제 상황에 대한 해결책을 토의하기.

⇨ 활동 방법이나 표현 방법 정하기.

눈 오는 날

눈부시게 하얀 날

요즘 강원도에 눈이 많이 내려서 그런지 사고가 많이 난다는 뉴스가 실렸다. 시장지붕도 집지붕도 무너지고, 축사도 무너졌다. 눈에 습기가 차서 그런지 더 무거운데 1m나 내렸으면 난 이미 매몰되어서 꽥! 했을 것이다. 근데 소가 기특하기도 하고 신기하기도 하다. 내 가슴 높이까지 쌓인 눈속에서 사흘동안 뭐했을까? 그리고 축사에 있던 80마리 중 10마리가 죽었다니 손해도 많이 났을 거다. 그리고 눈 때문에 통신까지 두절될 정도니…….

좋아했던 눈이 이렇게 소도 죽이고 통신과 교통까지 마비시키는 것을 보니 나쁜 눈인 것 같다.

환경문제에 관심가지기

환경이라는 주제는 우리 주변에서 쉽게 접할 수 있는 이야기입니다. 하지만 우리 친구들은 환경이라는 말 자체를 대단히 거창하고, 어려운 것으로 생각하지요. 그래서 환경을 위해 우리가 무엇을 할 수 있을지 물으면 광범위한 답을 찾으려고 노력하는 것을 종종 봅니다. 맑은 공기, 푸른 하늘, 깨끗한 비 등 자연 그 자체가 환경이랍니다. 늘 우리 주변에 있지만 우리가 느끼지 못하는 것들부터 볼 수 있도록 도와주세요. 주변에 관심을 가지다보면 보는 눈과 생각의 폭이 깊어져 자연스럽게 안목이 넓어지고 자신의 생각을 말할 수 있게 된답니다.

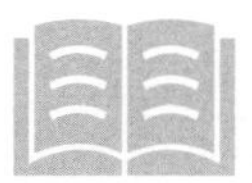

부모님! 이렇게 도와주세요 :
기사문에서 원인과 결과 찾기

신문을 처음 활용한다면 원인과 결과가 명확하게 드러나는 기사를 선택하는 것이 좋다.
이때 어른들이 보는 일간지는 단어나 내용이 어려울 수 있으므로 어린이신문을 추천한다.

소년한국일보

소년중앙 weekly

어린이 조선일보

어린이동아

어린이 경제신문

어린이신문은 위의 신문 외에도, 지역에서 발행하는 어린이신문과 성인일간지 속 특정 요일에 삽입되는 형태로 다양하게 발행되고 있다. 이러한 어린이신문을 구독하여 꾸준하게 읽도록 지도하면, 다양한 지식과 사회적 이슈에 관심을 가지고 배경지식을 쌓을 수 있다. 만약 그럴 수 없다면 어린이신문 홈페이지를 통해 전자신문을 읽게 하는 것도 도움이 된다.

신문을 읽는 힘이 생겼다면 기사 선택도 아이 스스로 할 수 있도록 하자. 그리고 어린이신문 읽기가 어렵지 않을 만큼 어휘력과 이해력이 높아졌다면 어른들이 읽는 일간지를 활용할 수도 있다. 다만 일간지에는 긍정보다 부정적인 내용이 많으므로 아이가 편협한 생각을 가지지 않도록 많은 대화를 나누는 것이 좋다.

아이의 일기 들여다보기

양재 시민의 숲 공원

6월 12일 토실토실 웃는 날	(해)	여름이 금방 올 것 같아

엄마와 유경이와 아빠를 만나러 양재 시민의 숲 공원으로 갔다.
거기에는 여러 가지 예쁜 꽃과 키 큰 나무들이 많이 있었다.
꽃은 알록달록 너무 예뻤다.
거기서 작은 토끼풀로 반지도 만들었다.
양재 시민의 숲에는 꽃과 나무가 많아서인지 공기가 좋았다.
그래서 기분도 좋게 느껴졌다.
꽃들은 참 좋겠다는 생각을 했다. 공기도 좋고, 하늘도 아주 맑은 곳에서 살아서.

관악초등학교 2학년 5반 정유진

선생님 의견

유진이가 만든 꽃반지는 어떻게 되었나요? 유진이의 손에? 아니면 다른 사람의 손에? 어떤 사람은 자연보호를 위해 식물채집이나 곤충채집을 하지 말아야 한다고 말해요. 하지만 또 어떤 사람은 그런 것을 통해 자연을 사랑하는 마음을 키울 수 있다면 좋다고 이야기 하기도 합니다.

환경 일기 :
일일 기자의 인터뷰를 담은 대화체 일기

♪ 지구를 지켜야 해 ~♬

아! 나도 그 노래 알아. 어린이 그룹 '지구수비대'가 부른 노래지?

그런 그룹도 있어?

옛날에 활동한 어린이 그룹이었어요. 지금은 우리보다 나이가 훨씬 더 많을 걸요.

맞아요. 〈지구가 아파요〉, 〈지구수비대〉 같은 노래를 불렀어요.

오~~~ 그룹의 이름처럼 지구를 생각하는 노래들을 불렀구나.

네. 노래를 따라 부르다 보면 제가 지구수비대의 한 사람이 된 것 같아서, 지구를 깨끗하게 지켜줘야겠다는 마음을 갖게 돼요.

노래로 말랑하게 시작하기

'환경'은 아이들이 반기지 않는 주제다. 공감대 형성이 잘 되지 않는 딱딱한 주제의 수업을 할 때는 노래나 사진을 활용하여 접근하면 좋다. '지구수비대'는 앞에서 만난 두 곡 외에도 〈하얀 집〉, 〈김치가 좋다〉, 〈다간을 꿈꾸며〉, 〈리모콘〉 등 다양한 노래를 불렀는데, 아이들 눈높이에서 쓴 가사는 공감대를 형성하기 좋아서 종종 활용하는 편이다.

노래를 활용할 때에는 아이들에게 가사도 함께 제공하는 것이 좋다. 그렇지 않으면 가사에 담긴 의미보다 노래에만 초점이 맞춰져 수업의 방향을 흐리기 때문이다. 가사를 보며 노래를 듣다 보면 가사가 전하는 내용 속에서 수업 주제에 다가가는 효과를 얻는다.

노래로 수업을 시작했다면 동기부여는 된 셈이다. 그러므로 "오늘 학습 주제는 환경이야"와 같이 주제를 바로 언급하거나, "오늘 이야기 나누고 쓸 일기는 환경이야. 노래 잘 들었지?"와 같이 주제를 확인하는 대화 방식은 피해야 한다. 이때에는 "오늘 수업할 주제가 ○○인데, 먼저 노래를 들어볼까?", "노래 속에 오늘 할 이야기의 주제가 있는데, 뭔지 찾아볼래?"처럼 공감을 이끌어 내는 대화형 질문을 하는 것이 좋다.

주제에 대한 자료 조사하기

한 가지 주제로 수업하기 위해서는, 그것에 해당하는 정보를 수집하여야 한다. 하지만 실제 수업에서 만나는 아이들은 대체로 조사하는 것을 좋아하지 않는 편이다. 설령 한다고 하더라도 제대로 조사하지 못한다. 가령 '환경'에 대해 조사하라고 하면 '환경'만을 검색어에 입력하여 조사한다. 그러면서 최근에는 환경 뉴스가 잘 없다고 핑계를 대기까지 한다.

이를 방지하고자 실제 수업에서는 주제에 대한 다양한 자료를 프린트해서 골고루 나누어주고 읽게 한 후, 모둠끼리 자료의 내용을 공유하게 한다.

가정에서도 마찬가지다. 읽고 생각하기를 좋아하지 않거나 아직 훈련되지 않은 아이에게 텍스트가 많은 질 좋은 정보로 가득한 자료를 주고 일기에 쓰라고 하는 것은 바람직하지 않다. 주제와 관련된 일기를 쓰고자 한다면 가족 구성원이 그 주제에 대해 하루 이틀 정도의 시간의 가지고 각자 생각한 후, 저녁 식사 자리나 함께 모일 수 있는 시간에 하는 것이 좋다. 또는 내 아이의 친구 한두 명을 더 붙여서 함께 이야기 나누고, 일기에 기록하게 한다.

자료를 조사할 때에는 한쪽에 치우치지 않도록 주의한다. 가령 환경의 경우 보존하자는 쪽과 개발하자는 쪽의 입장이 다르고,

뜻이 같은 쪽이라도 제시한 근거가 다르기 때문이다.
강원도의 '오색약수 케이블카 추진'과 관련하여 이슈가 되었을 때 환경단체, 정의당, 설악산국립공원지키기는 반대를, 양양군의회, 한국지체장애인협회, 강원도는 찬성을 했다. 같은 찬성이라도 한국지체장애인협회는 장애인과 같은 약자가 설악산 여행을 할 수 있도록 편의시설을 갖춰야 한다는 근거를 들어 주장했고, 강원도는 세계자연유산으로 지정된 세계 여러 국립공원에 이미 케이블카가 정상까지 설치되어 있음을 근거로 들었다.

대화를 통해 생각 나누기

환경을 주제로 글을 쓰려면 주제에 대해 아는 것이 있어야 하고, 자신이 이야기하고 싶은 것에 확신을 가져야 한다. 그래야 자기의 생각을 글로도 자신 있게 쓸 수 있다.
그러려면 책이나 신문 등의 정보를 읽고 지식을 쌓는 과정을 거치고, 그것을 자신의 것으로 체득하는 지혜화의 단계가 필요하다. 지식을 지혜로 바꾸는 방법으로 생각 나누기, 토의, 토론 등의 활동이 도움이 된다.
가장 쉽게 할 수 있는 것이 면담 즉 인터뷰다. 인터뷰는 다른 사람의 머릿속에 있는 지식과 정보, 그리고 경험을 듣고 내 것으로 만들 수 있다. 상대방과 특정인물이나 주제에 대해 이야기 나누는 동안, 자신의 기준이 아니라 타인의 이야기를 경청하는 훈련과 더불어 다른 사람의 입장에서 생각해보는 활동을 경험한다. 이때 인터뷰 대상이 전문가가 아니라 부모를 비롯한 주변인이어도 좋다. 특정 주제에 대해 어떻게 생각하는지, 왜 그렇게 생각하는지 등을 묻는 활동을 통해 사고력을 향상시킬 수 있다.

인터뷰를 하는 인터뷰어는 대상자와 면담에서 양질의 정보와 대답을 얻기 위한 준비를 미리 하는 것이 좋다.

인터뷰를 하는 과정은 다음과 같다. 첫째, 인터뷰 대상자를 선정하고 그에 대한 정보를 수집한다. 인터뷰를 할 때는 대상자와 같은 눈높이에서 대화를 풀어간다. 가령 대표라면 대표가 되고, 학생이라면 학생의 입장에서 이야기를 나누어야 한다. 둘째, 주제에 대해 미리 학습을 하며, 어떤 목적으로 대상자와 인터뷰하려고 하는지 설정한다. 셋째, 묻고 싶은 것을 담은 질문지를 작성한다. 질문지에 없는 것이라도, 인터뷰를 하면서 떠오른 질문은 짚고 넘어간다. 넷째, 대상자와의 대화는 녹음과 메모를 하여 빠짐없이 기록한다. 이때 대상자에게 녹음을 해도 되는지 양해를 구해야 한다.

대상자	엄마
주제	쓰레기 분리배출로 인한 동네 두 아주머니의 다툼
질문	- 엄마는 쓰레기를 잘 버리고 계십니까? - 집 앞 말고, 다른 곳에 쓰레기를 모으는 것을 어떻게 생각하십니까? - 두 분 중 어느 쪽이 더 잘못했다고 생각하십니까? - 그렇게 생각하시는 이유는 무엇입니까?

이렇게 인터뷰한 내용을 바탕으로 글을 쓸 수 있다.

인터뷰 글쓰기

인터뷰 글이란 내가 만난 사람의 생각, 의견, 주장 등을 다른 사람에게 알리는 글입니다. 글을 통해 타인의 사상이나 됨됨이를 보여주기도 하지요. 그러므로 상대방의 생각과 견해를 왜곡하지 않고 그대로 전달할 수 있도록 노력하여야 합니다.

인터뷰를 하기 전에 ① 무엇에 대해, 또는 누구를 대상으로 인터뷰 하고자 하는지 정합니다. ② 상대나 주제에 대한 조사 및 질문할 내용을 미리 파악합니다. ③ 그리고 상대에게 나를 어떻게 소개할지 생각한 후 ④ 왜 인터뷰를 하고자 하는지 설명하는 연습을 합니다. ⑤ 가장 중요한 것은 에티켓을 지키는 것입니다.

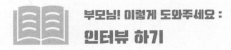

부모님! 이렇게 도와주세요 :
인터뷰 하기

인터뷰는 뜬금없이 이루어지는 것이 아니다. 섭외 과정을 통해 질문지를 미리 받고 충분히 생각할 시간을 가져야 한다. 그래서 면담이나 이메일 등의 방법으로 인터뷰하는 것이 좋다. 가정에서도 아이가 인터뷰를 요청했다면 바로 응하기보다, 인터뷰어가 원하는 질문지를 미리 받고, 대답을 준비할 시간을 달라고 유도해보자. 인터뷰가 이루어진 후에 글을 쓸 때에는 다양한 방식 가운데 가장 쉬운 형태의 글부터 작성하게 한다. 인터뷰를 담은 대화체 글쓰기가 그것인데, 질문과 답을 대화체 형식으로 풀어놓는 것을 말한다.

＊ 쓰레기를 잘 버리고 계십니까?

⇨ 예. 아주 잘 하고 있지는 않지만, 가능하면 잘 버리려고 노력하고 있습니다.

＊ 집 앞 말고, 다른 곳에 쓰레기를 모으는 것을 어떻게 생각하십니까?

⇨ 자기 쓰레기는 자기 집 앞에 모아두어야 한다고 생각합니다. 정해진 시간이 아닌데 일찍부터 자기 쓰레기를 남의 집 앞에 가져다 놓는 것은 예의가 아닙니다. 그리고 전봇대 앞에 쓰레기를 모으는 것은 청소부 아저씨가 수거를 편하게 하시라고 잠깐 이

용하는 것이지, 정해진 시간도 아닌데 다른 집 앞에 놓는 것은 양심 없는 행동입니다.

＊ 두 분 중 어느 쪽이 더 잘못했다고 생각하십니까?

⇨ 두 분 모두 다 잘못하셨습니다. 다른 집 앞에 두는 분도 잘못하셨지만, 그렇다고 길 한복판으로 던지는 행동을 하고, 봉투가 터져서 공용 공간을 엉망으로 만든 것은 옳지 못한 행동입니다.

＊ 그렇게 생각하시는 이유는 무엇입니까?

⇨ 그로인해 또 다른 주민들도 피해를 입습니다. 봉투가 터지면서 쓰레기가 여기저기에 흩어져 보기에도 좋지 않고, 냄새도 심하게 풍기기 때문입니다.

별것 아닌 내용이라도, 아이가 글을 쓸 수 있도록 자세히 풀어서 대답해주어야 한다. 단답형으로 '예' 또는 '아니요'만 한다면 정보도 지혜도 담지 못한 글을 쓰게 된다. 그러므로 아이에게 질문지를 미리 받아 어떻게 대답하는 것이 좋을지 고민하는 시간을 갖는 것이 좋다.

그리고 일기는 뉴스가 아니므로, 짧은 대화체 한두 줄만 남기고 다른 내용은 서술형으로 풀어써도 좋다.

마이의 일기 들여다보기

쓰레기 때문에 벌어진 싸움

8월 11일 화요일  후덥지근하고 끈적끈적한 날

우리집 앞 골목에 커다란 전봇대가 있다. 화요일, 목요일, 일요일 저녁에 전봇대 앞에 쓰레기가 모인다. 원래는 밤에 청소부 아저씨가 골목의 쓰레기를 꺼내 와서 잠깐 모아두는 곳인데, 사람들이 아침부터 쓰레기를 갖다 놓는다. 그래서 골목 앞의 전봇대 주변에는 쓰레기 썩는 냄새가 많이 난다.

그런데 오늘은 전봇대 쪽에 사시는 아주머니와 골목 안쪽에 사시는 아주머니 두 분의 싸움이 벌어졌다.

"쓰레기 도로 가져가세요."

"어차피 여기로 모을 건데 왜 도로 가져가라고 그러죠? 여기가 아줌마 땅이에요?"

그래서 결국 전봇대 앞에 사시는 아주머니께서 쓰레기를 던졌는데, 그 쓰레기가 길 한 가운데에서 터졌다. 그래서 나중에는 경찰도 왔다.

엄마께 누가 잘못한 것 같은지 여쭈보았다.

"정해진 시간도 아닌데 일찍 남의 집 앞에 갖다 놓으면 예의가 아니지. 내 집 앞에서 냄새가 나는 것이 싫다고 남의 집 앞에 가져다 놓는 것은 양심 없는 행동이야"

라고 하셨다. 나도 거기 지날 때는 냄새가 나서 지나가기도 싫었다. 쓰레기는 정해진 시간에 자기 집 앞에 내놓아야겠다. 그래야 길에서 냄새가 나지 않을 것이다.

관악초등학교 2학년 2반 정유경

선생님 의견

일기의 내용이 구체적이네요. 아마 골목의 쓰레기 문제로 여러 가지 일이 있었나 보네요. 이렇게 주변의 환경에 늘 관심을 기울이면 쓸 거리가 많아지지요.

칭찬 일기 :
리더십을 키우는 일기 쓰기

유경이는 일기에 쓸 이야기가 많은가 봐요. 전 늘 힘들어요!

난 일기에 쓸 이야기를 가리지 않으니까 그렇지.

예를 들면 어떤 이야기를 일기로 쓰고 있어?

전 일기에 친구들 이야기도 써요. 민구가 실수한 것, 민구가 잘 한 것.

내가 왜 네 일기에 등장하냐? 네 일기를 써야지!

그러면서 나도 배우는 거지. 네가 실수하면 '다음부터는 그러지 말아야지' 하고, 네가 잘 하면 '나도 저렇게 해야지' 하는 생각을 하게 되거든.

그렇네! 다른 사람의 좋은 점들을 읽다보면 나도 좋은 사람이 될 테니까. 그럼 오늘은 칭찬 일기에 대해 알아보자.

말의 힘

김서방네 푸줏간에 양반이 들어와 "이놈아, 쇠고기 한 근만 끊어다오." 하며 엽전 꾸러미를 던졌다. 김서방은 아무 말 없이 고기 한 토막을 잘라 건넸다. 또 한 사람이 들어와서는 "이보게 김서방, 쇠고기 한 근만 잘라주구려." 했다. 김서방은 다시 말 없이 고기 한 토막을 잘라 건넸다. 처음에 고기를 받은 양반이 "이놈아, 똑같은 한 근인데 왜 크기가 다르냐?"고 따지자 김서방이 "양반님 고기는 이놈이 주는 것이고, 지금 나간 고기는 김서방이 주는 것입니다." 했다.

이번에는 에디슨의 사례를 읽어보자. 주의력 결핍 과잉행동 장애로 학교에서 퇴학당한 에디슨의 성공 비결은 어머니였다. '너는 호기심이 많고 상상력이 풍부한 아이이다. 마음만 먹으면 무엇이든 할 수 있다'라는 말이 구제불능으로 낙인찍혔던 아들을 세계적인 발명가로 키워낸 것이다.

이 두 가지 이야기는 모두 말과 관련이 있다. '말 한마디로 천 냥 빚을 갚는다'는 속담과 같이, 말 한마디는 절망에 빠진 이에게 희망을 주고, 슬픔에 빠진 이에게 위로가 된다. 또 적을 만들기도 하고, 내 편을 만들기도 한다. 말로 어떤 씨앗을 뿌리느냐에 따라 열매가 달라진다는 의미이다.

이런 이야기를 아이들에게 건네면 "어릴 때 좋은 말을 못 들어서 그래요.” 하면서 삐딱하게 받아친다. 그래서 아이들이 자연스럽게 받아들일 수 있도록 노래나 시를 통해 좋은 것을 찾아보자는 거다. TV 프로그램 무한도전 ‘서해안 고속도로 가요제’ 편에서 엔딩곡으로 등장한 ‘처진 달팽이’의 〈말하는 대로〉도 좋은 자료다. 〈말하는 대로〉는 우리가 흔히 이야기하는 ‘말하는 대로 이루어진다’는 것을 담고 있다.

노래 외에도 ‘고도원의 아침편지’, ‘짧은 글 긴 생각’과 같이 좋은 글을 주제에 맞게 잘 선택하면 훌륭한 자료가 된다.

> 옷이 몸에 좀 낀다면
> 그건 잘 먹고 잘 살고 있다는 것이고
>
> (중략)
>
> 세탁하고 다림질해야 할 옷이 산더미같이 쌓였다면
> 그건 나에게 입을 옷이 많다는 것이고

위 글은 김호진 작가의 《행복한 동행》에 실린 〈항상 감사하기〉라는 글의 일부다. 어떠한 역경과 상황 속에서도 생각을 조금만 바꾸면 많은 것이 좋게 보이고, 감사할 일이고, 칭찬할 일이다. 이러한 학습은 아이들에게 ‘말의 힘’을 훈련시키는 과정이자 긍정적인 사고를 향상하는 데 도움이 된다.

긍정적인 생각하기

아이들에게 하루를 돌아보고, 감사한 것, 칭찬할 것 등을 찾게 해 보자. 나를 둘러싼 환경 속에서 누구를 만나건, 무엇을 하건, 어떤 일을 당하건 생각하기에 따라 다르게 느낄 수 있다.

* 누군가가 내게 지우개를 빌려주었다면

⇨ 내게 지우개를 빌려줄 호의를 가진 친구가 있다는 것에 감사하기.

* 숙제를 집에 놓고 와서 선생님께 혼났다면

⇨ 다음부터는 준비를 철저히 해서 이런 일이 없도록 다짐하는 계기가 되었음에 감사하기.

* 오늘 쪽지 시험을 망쳤다면

⇨ 더 중요한 시험이 아니라서 다행임에 감사하기.

* 은주가 말이 많다면

⇨ 시끄럽지만 교실 분위기를 화기애애하게 만든 것을 칭찬하기.

* 철수가 축구만 한다면

⇨ 반 대표로 늘 1등 할 수 있도록 앞장서는 모습을 칭찬하기.

* 민철이가 질문이 많다면

⇨ 내가 궁금한 것을 먼저 물어봐주는 배려심을 칭찬하기.

감사하고 칭찬하는 씨를 뿌리면 말의 힘으로 좋은 열매를 맺을 것이다. 부정적인 말은 파괴적인 힘을 발휘하지만, 좋은 말은 사람을 긍정적으로 만든다. 그러므로 우리 아이들이 긍정적인 사람으로 자라게 하고 싶다면 칭찬 또는 감사 일기를 쓰게 해보자.

적절한 긍정으로 생각하기

그러나 긍정이라고 해서 무조건적으로 좋게 보는 낙관과는 구별되어야 한다. 긍정은 있는 그대로를 인정하는 수용의 태도를 말하지만, 낙관은 미래를 밝고 희망적으로만 보는 것을 말한다.
가령 컵에 물이 반 정도 차 있다면, 누군가는 "물이 반이나 남았네"라고 말할 것이고, 다른 사람은 "물이 반밖에 안 남았네" 할 것이다. 두 사람의 차이를 우리는 일반적으로 '긍정'과 '부정'이라고 말한다. 긍정적의 표현은 다시 낙관과 긍정으로 분류해볼 수 있다. 낙관은 물이 반이나 남았으니 무조건 괜찮다는 과한 긍정적 태도를 보이거나, 물이 이만큼 남은 건 내가 아껴 마셨기 때문이라며 자기합리화를 한다. 반면 긍정은 물이 반이 남아 있는 그 자체를 수용하고, 이것을 어떻게 효율적으로 마실지 생각하고 실천하는 특징이 있다. 즉 낙관은 생각에 치중하는 반면, 긍정은 태도로 이어지는 것이라 할 수 있다.

공부도 마찬가지다. 낙관은 공부를 하지 않으면서, '조금만 노력하면 좋은 점수를 받을 수 있을 거야'라고 생각만 한다면, 긍정은 현재 나의 위치를 파악한 후 성적을 올리기 위한 여러 가지 노력을 이어간다. 물론 부정은 '공부는 해서 뭐해. 어차피 1등도 못할 건데'라며 자신을 포기하기에 이른다.

우리 아이들이 일기를 쓰는 과정에서 긍정적 사고를 가지고, 감사와 칭찬과 같은 아름다운 것들을 보고 느끼며, 그것을 자신의 가치로 형성하며 자라기를 바란다.

일상에서 칭찬과 감사 찾기

칭찬과 감사는 거창한 것에서 찾아야만 하는 것은 아닙니다. 하지만 하루가 지난 후에 찾으려고 하면 생각이 나지 않기 마련이지요. 그러니 일상생활 속에서 아이와 함께 하는 동안에 칭찬과 감사한 것을 끄집어내어 이야기 나눠봅시다. 이는 일기를 쓸 때 기억이 나고, 인성을 높이는 데 도움이 됩니다.

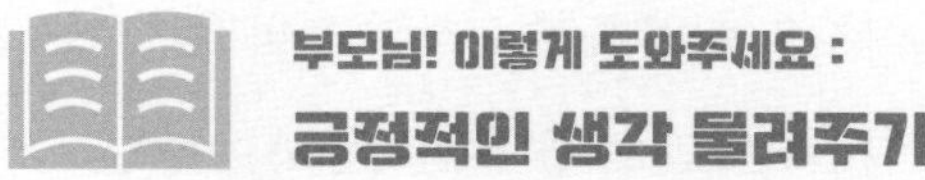

부모님! 이렇게 도와주세요 :
긍정적인 생각 물려주기

하버드 대학 심리학자의 연구에 따르면, 한 아이가 태어나서 다섯 살이 될 때까지 주변 사람들에게 듣는 야단이나 질책이 최소 4만 번이라고 한다.

"안 돼!, 하지 마!"
"넌 도대체 누굴 닮아서 그러니?"

'옆 집 누구는… 앞 집 누구는…'라며 이어지는 이야기들은 아이들이 성장하는 동안 '나는 무엇도 제대로 할 수 없구나'라는 생각을 하게 만든다.

한번은 '추석을 없애자'는 내용의 글이 국민청원에 올라왔다. 가족이 모이면서 서로 간에 갈등이 발생하고, 가족이라는 이유로 건네는 폭언과 욕설이 불통과 범죄를 양산하고 있기 때문이다.

부모 자식 간에 못할 이야기가 없다지만, 아이는 부모의 소유가 아니다. 그러므로 아무 이야기나 아무렇지 않게 건네는 것은 부모와 아이의 관계를 멀게 만들뿐이다. 아이가 긍정적인 사람으로 성장하길 바란다면, 부모부터 긍정적인 이야기를 생활화해야 한다. 부모도 아이와 같이 하루 한 가지씩 감사한 일이나, 칭찬할

만한 것을 찾아서 이야기해보자. 그것이 아이에게는 생각의 샘물이 될 것이다.

마이의 일기 들여다보기

감사 일기

3월 2일 토요일	(맑음, 바람)	태안은 봄, 서울은 아직 겨울

오늘의 감사할 것 BEST 5

① 조경학과인 언니 덕에 수목원을 무료로, 설명과 함께 볼 수 있어서 감사합니다.

② 날이 춥다고 점퍼를 바꿔 입어주시는 엄마, 감사합니다.

③ 사고 안 나고 무사히 집으로 돌아올 수 있어서 감사합니다.

④ 언니가 부럽다며 닮고 싶다고 말하는 후배가 있어서 감사합니다.

⑤ 동생과 함께 신앙생활을 할 수 있어서 감사합니다.

오늘은 언니가 교육받으며 일하고 있는 천리포 수목원에 다녀왔다. 수목원 직원인 언니 덕분에 넓은 수목원을 무료로, 언니의 설명을 들으면서 구경할 수 있었다. 언니와 함께 교육받는 언니오빠들이 가족끼리 시간을 보낼 수 있도록 배려해줘서 정말 고마웠다. 수목원을 둘러보다가 완도호랑가시나무를 수목원 설립자인 민병갈 원장님이 발견하셔서 학회에 등록했다는 사실을 알게 되었다. 그런데 명칭에는 '민병갈' 대신 'Carl Ferris Miller'라는 이름이 쓰여 있었다. 언니에게 물어보니 민병갈 원장님이 사실은 귀화한 외국인이라고 한다. 소책자를 꺼내서 보니 정말 '민병갈'이라는 이름과는 다소 매치가 안 되는 외국인 할아버지가 계셨다. 우리나라를 세계에 알리는 일을 하고 싶은 나이기 때문에, 우리나라를 사랑해서 한국에 귀화하고 멋진 수목원까지 지으시면서 한국 사랑을 몸소 보여주신 민병갈 원장님이 멋져보였고 왠지 더 정이 가는 것 같았다. 단순히 언니가 일하는 곳을 구경하려고 따라간 여행에서 이런 좋으신 분을 뵐 수 있어서 감사했다. 이렇게 한국을 사랑하는 외국인뿐만 아니라, 한국에 대해 잘 모르는 사람들까지 우리나라를 친근하게 여길 수 있도록 힘쓰는 사람이 되고 싶다.

관악초등학교 6학년 5반 정유경

3장

사고력을 다져주는 주제 일기

효도 일기 :
아이의 감성을 키워주는 편지 쓰기

오늘 숙제는 엄마 아빠께 효도하고 효도 일기를 쓰는 거예요. 그래서 부모님 어깨를 주물러드리고 쓸 거예요.

저는 아빠 발 씻겨드리고 쓸 거예요.

그럼 다음에 또 효도 일기 숙제가 나오면 어떻게 할 거야?

다음에 또요? 심부름도 하고, 엄마 도와드리고 일기 쓸래요.

뭐야? 그러면 일기 숙제를 위해 효도를 하겠다는 거네.

아! 그건 아닌데...

하하. 유경이처럼 엄마 대신 쓰레기를 버리고, 구두를 닦아드리는 등 무언가를 해드리는 것도 효도지만, 아무것도 안 해도 효도가 돼. 대신 네 것은 네가 해야겠지. 그럼 이번엔 효도 일기를 써보자.

편지 형식의 효도 일기

우리 아이들도 민구와 유경처럼 효도 일기를 써본 경험이 있을 것이다. 아이들이 가장 흔하게 쓰는 효도 일기는 어떤 형태일까?

* 엄마 아빠 안마해드리고 쓴 효도 일기
* 구두 닦아드리고 쓴 효도 일기

그런데 효도란 무언가를 한 행동만이 아니라, 마음을 전달하는 일도 포함된다. 어떻게 하면 마음을 전달할 수 있을까? 그러기 위해서는 마음을 알아차리는 것부터 시작해 이야기를 나누고, 효도와 관련된 활동을 하면 좋다.

* 《아름다운 가치사전 2》로 감정에 대해 익히기
* 부모님과 할머니 할아버지께 드릴 효도 쿠폰 만들기
* 부모님께 감사 편지 쓰기

감정과 감성(자극이나 변화를 느끼는 것)을 이해하는 것은 자존감과 리더십을 높이는 데 도움이 된다. 감정과 감성을 읽기 어렵다면 전래동화나 아이들이 잘 알고 있는 동화를 활용하여 연습해 보자. 가령 전래동화 '호랑이 형님과 나무꾼 아우'나 '효녀 심청'

박점희, 은효경 저, 《동화를 통한 자존감 이야기》, 글로벌콘텐츠

을 읽고 감정이나 감성을 읽어보게 하자. 또는 '돼지 책'과 같은 동화를 읽고, 엄마의 감정이나 감성을 읽어보자. 만일 어떻게 읽어야 할지 막연하다면, 아이 스스로가 《동화를 통한 자존감 이야기》의 '엄마는 그래도 되는 줄 알았어'를 읽고 생각해보게 하자. 이런 활동 후에 효도 쿠폰이나 편지 쓰기와 같은 활동을 해야 쓸 이야기와 쿠폰의 내용이 풍부해진다.

특히 편지 쓰기는 부모 세대에게는 익숙할 수 있어도 SNS 대화 방식에 익숙한 아이들에게는 마음을 담은 긴 글이 어색할 수도 있다. 다음과 같은 편지 쓰기 형식을 참고해보자.

받을 사람	들어갈 내용
인사말	'안녕하세요?'와 같은 흔한 말이나 오늘 아침에 봤는데 편지에 또 쓰기 어색한 말 대신에 '오늘 하루 어떠셨어요?'와 같은 구체적인 인사말을 생각한다.
하고 싶은 말	'감사한 내용'이나 '추억'을 쓰고, '감사한 마음'을 표현하면 된다.
끝인사	편지 끝머리에 '안녕히 계세요'라고 쓰지 않도록 주의한다. 그리고 대상에 따라 '내일은 일찍 일어날게요'와 같은 인사를 한다.
쓴 날짜와 사람	

사랑을 담은 감사 편지 쓰기

지인의 남편이 회사일로 밤을 새고 잠이 들었는데 아이가 아빠 발을 씻어드리는 게 효도 일기 숙제라며 곤하게 주무시는 아빠를 깨웠다고 해요. 나중에 하라고 했다가 숙제를 못하면 선생님께 혼난다며 우는 통에 효도를 하려는 건지, 숙제만 하려는 건지 알 수 없었다고 하시더군요. 이럴 때 여러분은 어떻게 하시겠습니까? 자녀와 대화를 나누며 지금 할 수 없는 이유를 설명해주세요. 그 이유를 일기장에 쓰라고 하고, 곤히 주무시는 아빠의 모습을 보며 편지를 쓰게 해보세요. 이 역시 훌륭한 효도 일기가 될 것입니다.

부모님! 이렇게 도와주세요 :
효도의 개념 알려주기

효도란 무엇일까? 사전은 '부모를 섬기는 도리'라고 정의한다. 그렇다면 어떻게 섬기라는 것일까? 우리 아이들에게 어떻게 하는 것이 효도인지 구체적으로 이야기해주자. 아이들은 효도를 어떻게 해야 하는지 몰라서 못하기도 한다.

부모에 대한 지극한 효성을 이야기하는 고전문학《심청전》을 찾아 읽어보게 하자. 자신의 몸을 인당수에 던져 아버지의 눈을 뜨게 한 심청이를 보고 우리 아이들도 부모를 위해 할 수 있는 일을 생각할 수 있다. 심청이가 살던 시대에는 부모님을 병을 낫게 하기 위해 절벽 틈바구니에서 약초를 따거나, 자신의 살을 베어 부모님을 봉양하는 것을 효도라고 여겼다. 하지만 지금은 부모의 마음을 헤아리고, 부모가 좋아하는 것을 해주는 것이 효도다. 아이에게 부모가 좋아하는 것이 무엇인지를 직접적으로 이야기해주면 좋다.

가령 하루에 한 번 부모에게 '사랑합니다' 말하기, '오늘 있었던 일을 대화 나누기'와 같이 부모와 함께 시간을 갖는 것도 효도임을 알려주어야 한다. 또 '자기 방 청소하기'와 같이 자신의 일을 알아서 하는 것도 부모의 손을 덜어주는 효도임을 알도록 하자. '공부만 하면 돼'와 같은 효도 방법은 당장 티가 나지 않고, 아이들이 하기 싫은 것들 중에 하나이기에 반발을 일으킬 수도 있다. 그러므로 효도하고 있다고 즉각적으로 느낄 수 있는 방법을 생각해서 이야기해주자.

아이의 일기 들여다보기

부모님께 편지를 쓰고 느낀 것

11 월 24 일 화 요일 | 비가 내린 날

오늘은 엄마에게 편지를 썼다.

오늘 학교에서 담임선생님께 말장난을 쳐서 선생님께서 내가 보는 앞에서 엄마께 문자를 보내셨다. 학교 끝나고 집에 가니 엄마께서 도대체 어떻게 했기에 선생님께서 이런 문자를 보내시냐고 하셨다. 그래서 선생님께서 질문하시는데 말꼬투리를 잡고 늘어졌다고 했더니 엄마께서 담임선생님이 네 친구냐고 하시면서, 담임선생님께 죄송하다고 문자 보냈으니 앞으로는 절대로 그런 행동하지 말라고 하셨다. 그리고 엄마는 잘난 아들이 선생님께 혼나고 돌아다니는 거 싫다고 하셨다. 그래서 잘못했다는 이야기와 사랑한다는 편지를 썼다. 편지를 쓰면서 엄마께 죄송했다. 내가 잘못한 것인데 엄마가 선생님께 혼난 것 같아서 미안했다. 앞으로는 그런 걸로 엄마를 죄송하게 만들지 말아야겠다.

관악초등학교 3학년 1반 정민구

부모님 발을 닦아드리고 느낀 것

3월 21일 일일이 웃는 날	☂	비가 내린 날

담임선생님께서 부모님 발을 닦아드리고 느낀 것을 일기에 써오라고 하셨다.

그래서 엄마 발을 닦아드렸다. 효도하는 것 같다. 물로 씻고, 비누칠하고, 물로 헹구라고 했다. 느낌은 이상하다. 근데 정말로 효도하는 것 같다. 어머니가 해주는 게 우리한테 왔다가 다시 돌아서 제자리로 간 것 같다.

관악초등학교 2학년 5반 정유진

요리 일기 :
설명하는 글쓰기

오늘 학교에서 샌드위치를 만들었어요. 그걸 일기로 쓰고 싶은데 어떻게 써야할지 잘 모르겠어요.

너희 반은 샌드위치였어? 우리 반은 떡 만들었는데.

어떻게 만들었는지 설명해볼래?

재료를 준비하고, 씻고, 썰고 했어요.

야! 그렇게 설명하면 안 되지. '감자는 깨끗하게 씻어서 반으로 잘라서 삶은 다음 으깨어 놓았어요'라고 해야지.

우리 반에서 한 건데, 네가 더 잘 아네! 오이피클은 작게 다져 넣었어요.

오~~ 유경이가 설명을 제대로 하는구나. 자, 그러면 오늘은 설명하는 요리 일기를 써보자.

설명하는 일기

설명글은 우리 주변에서 흔히 만날 수 있다.

* 사전 : 낱말의 뜻을 정확하게 풀어서 설명
* 과자 봉지 : 식품 성분, 제조일자, 회사에 대한 소개 등을 설명
* 라면 봉지 : 라면을 가장 맛있게 끓일 수 있는 조리법 설명
* 새로 산 밥솥 : '이 제품은 이렇게 사용하세요'라는 사용설명서
* 조립식 레고 박스 : 레고를 조립할 수 있는 조립설명서

가장 좋은 설명글은 누구라도 따라할 수 있고, 그대로 따라했을 때 목적을 달성할 수 있는 것이다. 그러기 위해서는 다음을 주의해야 한다.

* **정확하게 표현하기**

  ⇨ '○○ 같아요'와 같은 애매한 표현은 쓰지 않아야 한다. '○○다'처럼 '같은'을 뺀 정확한 표현을 쓰는 것이 좋다.

* **누구나 쉽게 읽고 이해할 수 있게 표현하기**

  ⇨ 레고 조립법을 어렵게 써놓으면 설명서가 있어도 따라 할 수 없는 무용지물이 된다. 그림과 함께 설명하면 좀 더 쉽게 이해할 수 있다.

* 주관적 생각은 빼기

⇨ 주관적 생각은 내 입장에서만 옳은 표현이지 다른 사람 입장에서는 옳지 않을 수 있다. 그러니 객관적인 내용으로 서술한다.

* 순서에 맞게 쓰기

⇨ 라면 조리법은 물을 끓이는 것부터 순차적으로 시작해야 목적을 달성할 수 있다.

요리하는 방법을 설명하는 글을 '레시피(recipe)'라고 한다. 아이들과 함께 요리 실습을 해보고, 레시피를 담은 요리 일기를 써보게 하자.

지글지글 보글보글 요리 과정 설명하기

레시피는 읽는 사람이 그대로 따라 요리할 수 있도록 순서대로 번호를 매기고, 사용하는 양과 조리하는 시간 등을 정확히 써야 합니다. 여기에 좀 더 이해하기 쉽게 요리 과정을 담은 사진을 첨부하면 좋겠지요.
우리 친구들이 요리 과정을 글로 옮기기 어려워한다면 요리책 한 권을 옆에 두고 조리 과정을 참고하도록 해주세요. 서툴더라도 비슷하게 써내려갈 수 있을 거예요.

부모님! 이렇게 도와주세요 :
함께 요리 하기

아이와 함께 요리를 하고자 할 때는 메뉴의 선택부터 의논하는 것이 좋다. 만약 아이가 복잡하거나 어려운 메뉴를 선택한다면 안 되는 이유를 이렇게 설명해보자.

"처음에는 간단한 것부터 시작하고, 어려운 건 요리가 익숙해지면 해보는 게 어떨까?"

아이와 함께하는 첫 요리로 샌드위치와 카레가 좋다. 대부분 요리는 칼과 불을 사용하기에 아이와 함께 주방에서 요리 하는 것을 위험한 교육 방법이라고 생각할 수도 있다. 하여 우선적으로 주방을 안전하게 사용하는 지침 교육이 필요하다. 안전 교육은 자라면서 저절로 습득하는 것이 아니라, 경험에 의해 익혀가는 것이므로 더욱 필요하다. 아기일 때 뜨거운 것을 조심하도록 약간 뜨거운 밥그릇에 손을 살짝 대어주는 것과 같이 말이다. 어떻게, 왜 주의해야 하는지 등을 익히고 스스로 실천할 수 있게 하는 것이 먼저다.

또 한 가지 부모에게 필요한 것은 도구의 사용이 어설퍼 보이고, 요리를 하는 손놀림이 답답해보여도 참고 기다려야 한다. 긍정적인 격려나 요리와 관련된 이야기는 좋지만, '이렇게 해라, 저렇게 해라' 하는 식의 잔소리와 주의사항은 오히려 아이들에게 위

축감을 줄 수 있다. 시간이 걸릴지라도 아이가 끝까지 마무리 할 수 있도록 기다려주어야 한다.

꽃삼병

9 월 4 일 목 요일		해, 구름, 바람

오늘은 학교에서 꽃삼병이라는 떡을 만들었다.
노란떡은 치자로, 빨간떡은 딸기로, 하얀떡은 찹쌀로 만들었다.
물론 모든 떡엔 찹쌀이 들어갔다. 만들 때 기름을 반죽에 묻히니
만질 때 자꾸 미끄러졌다. 그리고 팥앙금을 동그랗게 만들 때 손
에 팥앙금이 묻어 기분이 쫌 이상했다.

요리 순서

① 준비한 팥앙금을 동그랗게 만들기
② 반죽을 동그랗게 만들어 엄지손가락으로 중심을 누르기
③ 팥앙금을 넣는다.
④ 반죽을 다시 동그랗게 만든다.
⑤ 떡살에 반죽을 넣고 반죽을 누른다.
⑥ 예쁜 꽃모양을 내면 완성

관악초등학교 2학년 6반 정민구

선생님 의견

요리 과정은 잘 설명했는데, 요리한 다음에 어땠는지는 이야기가 없네요. 완성된 꽃삼병은 누구와 함께 먹었는지, 맛은 어땠는지에 대해서도 써주세요. 그래야 끝까지 최선을 다한 글이 된답니다.

만화 일기 :
기승전결을 생각하며 읽고 쓰기

키득키득

민구는 뭐가 그리 재미있을까?

어린이신문에 실린 만화를 보고 있어요. 저도 좀 전에 읽었는데, 재미있어요.

철수가 순희 땅콩을 반이나 가져갔어요.

그게 웃긴 거야? 그게 다야?

순이가 웃고 있잖아요. 재미있다고요. 그래서 따라 웃는 건데…….

만화의 그림만 보고 웃는 건 만화보다 똑똑하지 못한 거야. 철수가 그저 땅콩을 가져간 거라면 화가 나야 맞는 거지. 그러니까 만화는 그림만 보지 말고, 글 내용도 읽고 이해해야 한단다. 그럼 오늘은 만화 일기에 대해 알아보자.

기승전결 만화 일기

만화의 내용을 제대로 이해하기 위해서는 그림에서 보이는 부분뿐만 아니라 그림 속에 숨겨진 것도 읽어내야 한다. 가령 '책벌레' 그림이 있다면, 책 속에 사는 벌레를 그린 것인지, 아니면 책 속에 파묻혀 책을 많이 읽는 사람을 비유적으로 나타낸 것인지 알 수 있어야 한다. '개미'도 그러하다. '개미 같다'는 표현이 생긴 모습을 두고 하는 말인지, 부지런한 모습이 개미 같다는 말인지 파악할 수 있어야 한다.

그러기 위해서는 이야기의 흐름을 파악할 수 있어야 한다. 이는 기승전결을 지도하면 쉬워진다. 아이들은 기승전결을 잘 알지 못하므로 한자로 풀이하여 다음과 같이 지도해보자.

<table>
<tr><th>기
일어날 起</th><th>승
이을 承</th><th>전
펼쳐질, 뒤집힐 轉</th><th>결
끝맺을 結</th></tr>
<tr><td></td><td></td><td></td><td></td></tr>
<tr><td rowspan="2">일어날 기: 100m 달리기를 하게 되었다.</td><td rowspan="2">이을 승: 열심히 달리기 시작했다.</td><td>펼쳐질 전: 골인선이 코앞인데, 내가 1등이다.</td><td>끝맺을 결: 결국 내가 1등을 했다.</td></tr>
<tr><td>뒤집힐 전: 골인선이 코앞인데, 뛰다가 넘어졌다.</td><td>끝맺을 결: 결국 꼴등을 했다.</td></tr>
</table>

이왕이면 나를 닮은 캐릭터를 만들고, 만화 일기를 쓸 때마다 주인공으로 만들어보자. 나의 얼굴이나 신체에 특징을 잡고 나와 닮은 인물을 간단히 그려보자. 어린이 신문사 홈페이지에서 만화 주인공인 뚱딴지, 팔방이, 꺼벙이 등을 찾아보면 도움이 될 것이다. 사람의 형태뿐만 아니라 '무도사'나 '배추도사'와 같이 사물을 이용하여 캐릭터를 그릴 수도 있다. 만화의 캐릭터를 그릴 때에는 얼굴을 크게 그려야 한다. 그래야 얼굴에 표정을 담을 수 있기 때문이다.

(기) 일이 어떻게 시작되었나요?	**(승)** 일이 어떻게 진행되었나요?
(전) 어떤 어려움을 이겨냈나요?	**(결)** 어떤 결말을 맺었나요?

기승전결을 생각하며 읽고 쓰기

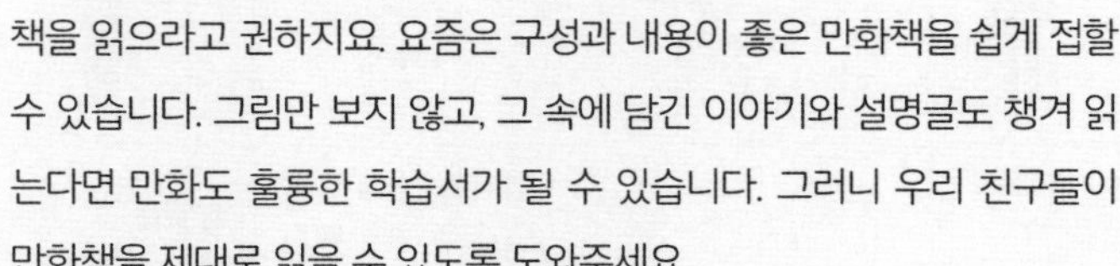

우리 친구들은 만화책을 좋아합니다. 하지만 부모들은 만화책은 좋은 책이 아니라고 생각하고, 활자가 많은 책을 읽으라고 권하지요. 요즘은 구성과 내용이 좋은 만화책을 쉽게 접할 수 있습니다. 그림만 보지 않고, 그 속에 담긴 이야기와 설명글도 챙겨 읽는다면 만화도 훌륭한 학습서가 될 수 있습니다. 그러니 우리 친구들이 만화책을 제대로 읽을 수 있도록 도와주세요.

만화 일기를 쓸 때에는 짧은 컷 속에 어떤 내용을 담을지 먼저 고민해야 합니다. 짧은 컷으로 일기의 흐름을 따라잡으려면 기승전결의 구도가 필요하지요.

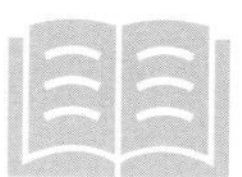

부모님! 이렇게 도와주세요 :

동화책으로 기승전결 연습하기

처음부터 기승전결을 갖춰서 글을 쓰기란 쉽지 않다. 이때는 아이가 잘 아는 이야기를 바탕으로 연습하는 것이 좋다.

'백설공주'를 예로 기승전결을 정리해보자.

(기) 일이 어떻게 시작되었나요?	엄마가 돌아가셔서 새엄마를 맞이했다.
(승) 일이 어떻게 진행되었나요?	왕비(새엄마) 때문에 숲으로 들어갔다.
(전) 어떤 어려움을 이겨냈나요?	노파(새엄마)가 준 독사과를 먹고 죽었다.
(결) 어떤 결말을 맺었나요?	지나가던 왕자의 도움으로 살아났고, 왕자와 행복하게 살았다.

아이에게 이야기를 정리하게 하면 대부분 위와 같다. 백설공주 이야기에서 중요한 인물인 난쟁이가 기승전결에 등장하지 않았다. 그럼 어떻게 지도해야 할까?

앞의 정리는 '기-승-전-결'을 순서대로 작성한 것이다. 이럴 때에는 순서를 달리해서 정리해보는 것도 좋다. 예를 들어 '기-결-전-승'으로 해보자.

(기) 일이 어떻게 시작되었나요?	① 엄마가 돌아가셔서 새엄마를 맞이했다.
(승) 일이 어떻게 진행되었나요?	④ 왕비가 사냥꾼에게 죽이라고 했지만 숲에서 놓아주었고, 이때 난쟁이를 만나 함께 살았다.
(전) 어떤 어려움을 이겨냈나요?	③ 노파(새엄마)가 준 독사과를 먹고 죽었다.
(결) 어떤 결말을 맺었나요?	② 지나가던 왕자의 도움으로 살아났고, 왕자와 행복하게 살았다.

앞과 같은 것처럼 보이지만, 시작과 끝을 먼저 정리하면 하나씩 중요한 것을 찾아나갈 수 있다.

아이의 일기 들여다보기

두타 다녀온 날

2 월 22 일 일 요일 | 코도 귀도 꽁꽁 얼어붙도록 추웠던 날

인천초등학교 3학년 4반 정하연

영화 일기 :
아이의 판단력을 키워주는 일기 쓰기

선생님! 어제 '센과 치히로의 행방불명'이라는 애니메이션을 봤어요.

센과 치히로라고 해서 두 사람인 줄 알았는데 같은 사람이더라고요.

일본의 미야자키 하야오 감독이 2001년에 만든 애니메이션인데 봤구나! 너희는 미야자키 하야오 감독의 영화를 보면서 어떤 생각을 했니?

영화를 보면서요? 참 재미있다는 생각만 했는데...

미야자키 하야오 감독은 이 영화에서 어떤 이야기를 하고 싶었을까?

그런 건 생각 안 해봤어요. 그냥 재미있게 봤어요.

그럼 오늘은 영화를 보고 나서 든 생각이나 느낌을 일기에 어떻게 담으면 좋을지에 대해 이야기해보자.

다음은 미야자키 하야오 감독이 만든 영화 '센과 치히로의 행방불명'에 관한 뉴스다.

<신나는 신문>

'센과 치히로의 행방불명 '
우리가 영화에서 읽어야 하는 것은 무엇인가?

아무도 살지 않는 신들의 마을 입구에는 보기에도 먹음직스런 음식이 가득 차려져 있다. 치히로의 부모님은 음식을 허겁지겁 먹다가 돼지로 변했다. 치히로가 부모님을 구하려면 돼지로 변한 마법을 풀고 다시 인간 세계로 돌아가는 것뿐이다. 미야자키 하야오는 친구 딸을 보며, 10살 또래의 어린이들을 위해 이 영화를 만들었다. 10살 소녀 치히로를 주인공으로 한 이 영화는 부모의 울타리 속에서 아무 걱정 없이 살던 어린이가 성장하는 과정에서 겪는 어려움과 갖가지 모험을 담았다.

이 영화는 '마음속으로 하고자 하는 일은 열심히 노력하면 현실에서 반드시 이루어진다'라는 메시지를 전한다. 이제 막 성장을 시작하는 아이들에게 자신의 자아(자신에 대한 의식이나 생각 등)를 잃지 말라고 이야기하고 있다. 자아를 더 확고히 해서 세상에 당당히 설 수 있고, 자연을 생각하는 아름다운 사람으로 살아가기를 바라는 감독의 생각이 담겨 있다.

박점희 기자

영화는 우리가 상상할 필요 없이 영상과 음향을 통해 입체적으로 보여준다. 책보다 더 재미있고, 쉽게 빠져들 수 있으며, 보이는 그대로 믿기도 한다. 그러나 미야자키의 영화는 우리가 읽어내야 하는 것이 무엇인지 직접 말하지 않고 숨은 뜻을 찾게 한다. 영화를 볼 때는 그저 보는 것만으로 끝내지 않고, 하려는 이야기가 무엇인지 생각하는 노력이 필요하다. 그리고 영화에서 본 것이 사실인지 아닌지 판단할 수 있는 지혜도 필요하다.

* 영화 제목
* 영화 내용

⇨ 스스로 정리해보기. 어렵다면 함께 본 사람과 이야기 나누기.

* 가장 기억에 남는 장면

⇨ 왜 그 장면이 가장 기억에 남는지 이유를 생각해보기.

* 영화가 우리에게 말하고자 하는 이야기

⇨ 만약 못 찾았다면 핵심 단어를 정하고 그와 관련된 뉴스나 인터넷 자료를 찾아보기.

영화를 읽고 쓰는 능력

일기 지도 팁

방학이 되면 부모들은 자녀와 손을 잡고 영화관으로 향합니다. 대부분 아이만 영화를 보고, 부모들은 다른 일을 보시지요. 이런 모습을 '의무방어형 부모'라고 말하기도 합니다. '나는 너를 여기에 데려와서 영화를 볼 수 있게 돈을 내 주었으니 내 할일은 끝났다'라는 것이지요. 이런 경우 부모는 영화가 끝난 뒤 재미있었냐는 단순한 질문만 합니다. 그러나 영화 일기가 의미 있는 일기가 되려면 부모와 함께 관람하고, 영화에 대한 이야기를 나누는 시간을 가져야 합니다. 그래야 아이들이 영화를 읽는 눈이 생기고, 생각하는 힘이 커집니다.

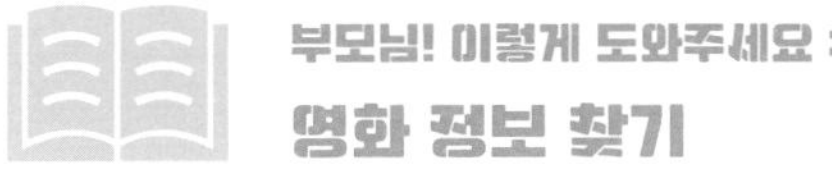

부모님! 이렇게 도와주세요 : 영화 정보 찾기

영화로 일기를 쓰려면 보는 것만으로는 어렵다. 그래서 아이들과 영화에 대한 이야기를 나누는 것이 좋다. 그렇다면 어떤 이야기를 나누면 좋을까? '센과 치히로의 행방불명'을 예로 살펴보자.

이 영화의 주인공은 몇 명일까? 제목을 보면 '센과 치히로' 두 명의 인물이 등장한다. 그렇다고 정말 두 명일까? 정답은 한 명이다. 두 개의 이름은 주인공이 이 세상에서 살 때의 이름과 다른 세상에서 살 때의 이름이다. 이런 이야기를 나누기 위해서는 영화에 대한 정보가 필요하다. 되도록 아이와 함께 영화를 감상하고, 이것이 어렵다면 인터넷 포털이나 신문 또는 텔레비전 같은 미디어에서 필요한 정보를 얻을 수 있다.

영화를 만든 사람들의 의도나 작품에서 중요하게 다룬 부분이 무엇인지 이해할 수 있도록 지도해보자. 의도를 파악하는 것은 곧 주제를 찾는 연습이 된다.

마이의 일기 들여다보기

나니아 연대기

1 월 10 일 화 요일 | 아주 추운 날

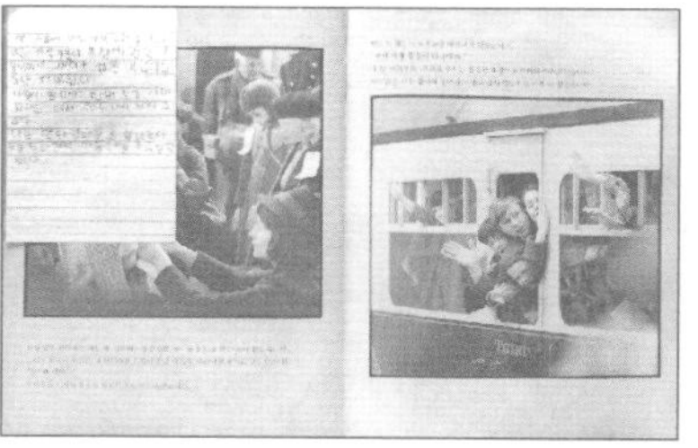

맨 처음에 '나니아 연대기'를 봤을 땐 시작 부분이 전쟁에 관한 내용이어서 재미가 없을 것 같아서 그냥 꺼버렸다. 나중에 엄마가 한 번 보고 재미있다고 해서 우리도 다시 보게 되었다. 나는 만화 영화일줄 알았는데 보통 영화여서 마음속으론 조금 실망했다.

영화에서 사악한 하얀 마녀 때문에 온통 눈으로 덮인 겨울만 있는 나니아를 보면서 눈의 여왕이 생각났다. 그런데 하얀 마녀의 머리가 뒤로 갈수록 점점 내려왔다. 엄마께 말씀 드렸더니 엄마는 잘 모르겠다고 하시면서 미리 사두신 나니아 연대기 책을 주셨다. 그래서 책 중간 중간에 영화를 보면서 생각했던 것들을 적었다. 책을 보니까 하얀 마녀의 머리가 점점 내려오는 이유가 힘이 약해졌기 때문이었다.

이 판타지 영화는 동심을 잃지 말라는 의미를 담고 있다고 엄마가 알려주셨다.

관악초등학교 5학년 5반 정유경

신문 일기 :
세상 이야기를 담은 시사 일기

선생님! 오늘부터 학교에서 신문을 읽기로 했어요.

저희 반은 이미 읽고 있어요. 그런데 전 모르는 단어도 많고, 이해가 잘 안 될 때도 있어요.

그럴 땐 사전을 찾아보거나, 사람들에게 물어보는 방법도 좋겠지!

아! 그런 방법이 있었네요.

그리고 신문 일기를 쓰는 것도 좋은 방법이겠지!

신문 일기요? 혹시 독서 일기처럼 오늘 본 뉴스를 일기에 쓰는 건가요?

그럼 오늘은 신문을 읽고, 그것을 일기에 어떻게 담으면 좋을지 이야기해보자.

신문 해부

발행일

∗ 신문이 발행된 날짜를 말한다.

제호

∗ 신문의 이름으로, 제목이라고도 한다.

제목

∗ 신문을 읽는 동기를 만들어 주며, 기사를 선별할 수 있으므로 신문 읽는 시간을 줄여준다.

소년한국일보

(일간) 2019년 11월 4일 월요일 kids.hankooki.com 제17723호

한국영화 100년… 어제와 오늘을 돌아보다

시를 읽읍시다

열쇠

백성을 사랑하는 마음으로 한글을 만들다

세종 대왕

바른 소리를 만들다

아이들이 알아야 할 교양 천개의지식 시리즈

사진

∗ 신문을 보기 좋게 만들고,
∗ 기사를 보충하기도 하며,
∗ 사진 자체가 기사가 되기도 한다.

기사

∗ 전하고자 하는 내용을 기록한 것으로, 기자가 발로 뛰어 취재하거나 정보망을 통해 얻은 것을 싣는다.

작은 제목

∗ 기사 내용을 요약한 것으로, 작은 제목을 읽으면 기사를 짐작할 수 있다.

광고

∗ 기업의 상품을 선전하기도 하고, 사회의 의의를 알리는 공익광고를 하기도 한다.
∗ 광고는 목적과 대상에 따라 구성된다.

신문 속 사진을 보고 내용 유추해보기

＊ 기사 제목과 작은 제목

⇨ 제목과 사진을 보고 기사의 내용 유추하기.

＊ 사진

⇨ 사진이 전하려는 기사는 무엇일까?

＊ 기사 내용

⇨ 사전을 통해 모르는 낱말을 알고, 내용 제대로 파악하기.

⇨ 육하원칙으로 기사를 정리하고, 기사의 핵심 찾기.

＊ 비판적 사고

⇨ 누가 쓴 글인가? 기자가? 아니면 전문가가?

⇨ 누구에게 영향을 끼칠까? 특정인에게? 국민 전체에?

⇨ 어떤 관점으로 보도했는가? 왜 이런 관점에서 보도했는가?

⇨ 다른 관점의 신문을 읽고, 근거를 바탕으로 비판적 사고 정리하기.

＊ 이와 관련하여 하고 싶은 이야기(경험 또는 생각)

⇨ 일본 애니메이션 '센과 치히로의 행방불명'에서 본 집과 비슷하게 생겼다.

⇨ 여행다녀온 곳을 신문에서 보니 뉴스에 관심이 생긴다.

신문의 순기능과 역기능

우리는 신문을 포함한 다양한 미디어의 홍수 속에서 살고 있다. 또한 자고 일어나면 새로운 미디어가 생겨나는 시대에 살고 있다. 때문에 미디어가 무엇이며, 미디어의 순기능과 역기능을 바로 알고, 허위 정보와 가짜 뉴스에 속지 않는 현명한 생비자(생산자+소비자)가 되어야 한다. 따라서 미디어리터러시 교육이 필요하며, 최근에는 뉴스 리터러시, 디지털 리터러시 등으로 세분화하여 교육하기도 한다.

미디어리터러시란 미디어를 읽고, 이해하고, 비판적으로 사고하고, 미디어를 생산하는 활동을 통틀어서 이르는 말이다. 이렇게 소비와 생산을 합한 것이 생비자다. 한국언론진흥재단은 미디어리터러시 교육의 목적을 다음과 같이 기술하였다. 첫째, 미디어의 특성과 사회적 영향 등 미디어 본질에 대해 이해하도록 한다. 둘째, 여러 유형의 미디어에 접근하고, 기능을 활용할 수 있도록 한다. 셋째, 미디어의 정보를 비판적으로 이해하고 분석하는 능력을 함양한다. 넷째, 미디어를 활용해 정보를 습득하고 생각을 창의적으로 표현할 수 있는 능력을 기른다. 다섯째, 미디어 콘텐츠의 공유와 소통 등을 통해 사회이슈에 관여하는 역량을 높인다.

코로나19와 관련된 보도에도 코로나 증상을 가리는 방법과 예방법에 관한 가짜 정보들이 여러 미디어에서 떠돌았다. 잘못된 정보로 오인할 수 있으니 주의를 당부하는 뉴스가 잇따라 등장했다. 신문이나 뉴스를 통해 알게 된 정보를 바탕으로, 코로나에 대한 다양한 주장의 옳고 그름을 비판적 시각에서 일기로 풀어낼 수 있도록 지도해보자. 이것이 일기로 학습력을 높이는 핵심이다.

세상 이야기를 담은 글쓰기

신문을 학습에 활용하는 교육을 NIE(Newspaper In Education), 즉 신문활용 교육이라고 합니다. 신문은 우리가 사는 세상을 잘 보여주기 때문에 좋은 교육 자료가 될 수 있지요. 하지만 그 속에 담긴 정보가 오보일 때도 있고, 한쪽으로 기울어 주관적인 내용을 담을 때도 있어 주의해야 합니다. 그래서 아이들이 신문을 읽을 때는 반드시 부모의 지도 아래 한쪽으로 치우친 편향된 생각을 갖지 않도록 도와주셔야 합니다.

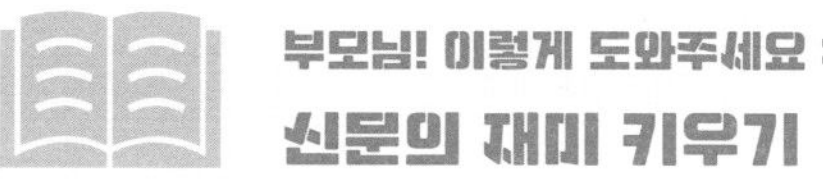

부모님! 이렇게 도와주세요 : 신문의 재미 키우기

처음 신문 읽기를 시작할 때는 성인이 읽는 일간지보다, 앞에서 소개한 어린이를 대상으로 한 신문으로 시작하면 좋다. 그리고 어린이가 경험했거나 알아두면 좋은 소재로 구성된 신문을 선택하자.

아이와 함께 신문을 볼 때에는 아이가 이해할 수 있는 수준으로 시작하는 것이 좋다. 부모의 입장에서 재미있는 정치나 시사들은 아이에게 어렵게 다가온다. 아이의 연령에 따라 텍스트가 많은 기사보다는 사진이 들어 있는 것부터 시작하면 좋다. 다른 나라의 이색 뉴스나 동물과 관련된 뉴스 등은 어른의 시각에서는 별 볼 일 없어 보일 수 있으나, 아이에게 신문의 맛을 들이게 하는 데에는 효과적이다.

신문에 재미가 생긴 후에 주요 시사와 텍스트 중심 기사를 보면 된다. 아이와 함께 신문을 제대로 읽으려면 미디어 가이드를 참고하면 좋다. 한국언론진흥재단의 '학부모를 위한 미디어 리터러시 실천·지도 매뉴얼'이 있다.

아이의 일기 들여다보기

메르스

7월 30일 금요일	☀ 바람	낮에는 따뜻한데 아침저녁은 겨울

신문에 메르스가 점점 심해지고 있다고 실렸다. 죽은 사람도 30명이 넘는다고 한다. 우리 작은 누나 학교도 오늘부터 휴교한다고 한다. 메르스 때문에 휴교하는 것은 좀 그렇지만 어쨌든 학교 안 가는 것은 부럽다.

빨리 백신이 나와서 메르스 때문에 걱정하지 않았으면 좋겠다.

관악초등학교 3학년 5반 정민구

아이의 일기 들여다보기

덕수궁 음악회

3 월 21 일 일 요일	☼	산들산들 봄바람 불어오는 날

어제 엄마랑 유경이랑 덕수궁에 수문장 교대식을 보러 갔다가 본 음악회 이야기가 신문에 실렸다.

수문장 교대식은 늦게 도착해서 보지 못했다. 그래서 그냥 놀고 가려고 들어갔는데 서울 판 오케스트라가 연주하고 있었다.

앞자리에 앉아서 연주를 봤다. 연주도 듣고 박수도 쳤다. 그런데 소리가 너무 크고 답답한 생각이 들어 나는 조금 지겨웠다. 그 뒤에 군인 아저씨들이 전통 의상을 입고 무술 시범을 보였다. 무술 시범을 할 때 가짜 칼로 하는 게 재미있었다.

관악초등학교 2학년 5반 정유진

관찰 일기 :
자기주도학습을 이끌어내는 관찰 기록문

선생님! 저는 소라게랑 장수풍뎅이를 키워요.

민구는 그거 말고도 많이 키워요. 우리집에는 물고기도 있고, 나무도 많아요.

얼마 전에 장수풍뎅이 암컷 한 마리가 죽었어요. 그래서 슬펐어요.

장수풍뎅이가 무엇 때문에 죽었을까?

몰라요. 그냥 뒤집어져 있어서 보니까 죽었더라고요.

그럴 때에는 관찰한 내용을 기록해두어야 다음에 도움이 된단다. 동물이나 식물을 키우거나 관찰할 때 새로 알게 된 것이나 느낌을 사실대로 기록하면 훨씬 좋단다.

빨리 알려주세요.

관찰 기록

관찰은 사물(동물이나 식물)이나 현상(자연 현상이나 과학 실험)을 주의 깊게 살피는 것을 말한다. 그 안에서 찾은 변화를 기록한 것이 바로 관찰 기록문이다. 관찰 일기를 쓰자고 하면 대부분은 일단 동물이나 식물과 같이 살아 있는 무언가를 키워야 된다고 생각한다. 하지만 우리 주변에서 찾을 수 있는 것들 가운데 변화를 관찰할 수 있는 것도 충분하다.

가령 신문 1면부터 마지막 면까지 어떤 주제의 지면이 있는지, 월요일부터 토요일까지의 신문은 어떻게 다른지 등을 관찰하면 된다. 또한 같은 뉴스라도 한 달 전의 뉴스와 일주일 전의 뉴스 그리고 오늘 뉴스는 어떻게 변화했는지, 다른 신문에 실린 뉴스는 어떻게 다른지에 대해 관찰하고 기록하는 것도 관찰 일기의 소재가 된다.

관찰 기록은 다음과 같은 순서로 지도하면 된다.

① 관찰 대상을 정한다.

⇨ 동물이나 식물, 자연 현상, 나에게 일어난 일 가운데 주변에서 관찰 가능한 것을 고른다.

· **예를 들어 전기 사용 계량기와 날씨를 매일 관찰하기로 한다.**

② 관찰 계획을 세운다.

⇨ 관찰 시간 : 어느 때 할 것인지 정하기.

⇨ 관찰 방법 : 눈으로 할 것인지, 도구를 이용할 것인지 정하기.

⇨ 관찰 기록 : 그림, 사진, 글 중에서 고르기. 다 활용해도 좋다.

· 밤에 사용한 것까지 계산해서 하루 사용량으로 계산하기로 하고, 아침 8시에 계량기를 점검하기로 한다.

· 관찰 기록은 표로 정리하기로 한다.

③ 자료를 모은다.

⇨ 책이나 인터넷 등을 이용하여 자료를 모은다.

⇨ 자료를 모을 때 도표, 사진, 그림 등도 함께 모은다.

· 날씨 정보는 일기예보 자료를 모은다.

· 날씨와 관련된 자료는 신문에서 스크랩하기로 한다.

④ 실험 및 관찰을 하고, 내용을 기록한다.

⇨ 관찰한 내용을 일정한 시간에 메모하며, 주의 깊고 자세히 쓰도록 한다.

· 아침에 표에 기록하고, 내용 정리는 저녁에 한가할 때 쓴다.

⑤ 결과를 기록한다.

관찰 주제	- 날씨와 전기 사용량의 관계
관찰 기간	- 8월01일~8월15일
관찰 동기	- 아빠가 전기세 많이 나온다고 에어컨을 켜지 말라고 하셔서
관찰 내용	- 온도가 올라갈 때 전기 사용량은 어떻게 달라지는가?

관찰 방법	- 신문에서 날씨를 스크랩한다. - 아파트 전기계량기를 매일 관찰한다.
새로 알게 된 것	- 기온이 올라가면 전기 사용량이 많이 올라간다.
나의 생각	
수집한 자료	

관찰할 때에는 무엇보다 정확한 관찰을 바탕으로 기록하여야 한다. 앞서 '날씨와 전기 사용량의 관계'를 주제로 관찰을 하고자 하였으나, 여름휴가로 4일간 기록하지 못하였다. 날씨는 정보를 활용하면 되지만 계량기는 그렇지 않았다. 그렇다고 해서 4일 간의 사용량을 4로 나누어서, 4일 동안 매일 같은 양을 사용한 것과 같이 작성하면 안 된다. 처음 계획했던 것과 같이 날씨와 사용량의 관계를 설명할 수 없기 때문이다.

또한 우리 집만을 대상으로 관찰한다면, 특정한 가정의 사례가 될 수 있으므로 보다 정확한 관측을 위해 3~4집을 대상으로 검침하는 것이 좋다.

관찰 기록문 쓰기

일기 지도 팁

관찰 기록문은 일반적으로 무언가를 기르고 재배해야 쓸 수 있다고 생각합니다. 하지만 주변 환경을 관찰할 수도 있습니다. 예를 들어 기온과 전기 소모량의 관계나 매일 보도하는 것이 달라지는 신문 등을 관찰해도 좋습니다. 관찰 기록문을 쓸 때에는 정확하게 기록해야 합니다. 간혹 그러지 못하는 상황이 발생할 때는 어림잡아 기록하고, 그 이유를 기록하면 됩니다. 또한 관찰을 제대로 하지 못했다면 기록을 포기하기보단 관찰을 실패한 이유를 자세히 기록하는 것도 좋은 방법입니다.

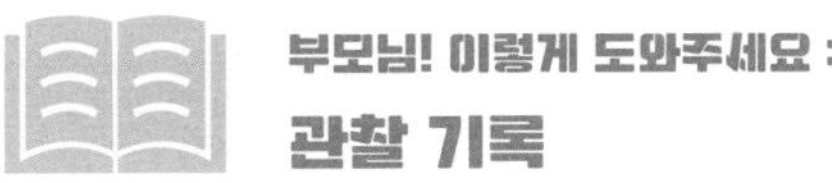

관찰한 내용을 기록할 때에는 크다, 작다, 좋다, 나쁘다와 같은 표현보다는 숫자로 정확하게 기록하는 것이 좋다. 단, 대상에 따라 다를 수 있다. 신문 관찰의 경우 숫자가 아니라 문자를 기록할 수도 있다. 이때에는 정확하고 자세한 표현을 쓰며, 간결하고 이해하기 쉽게 기록하도록 한다. 만약 자세히 기록하려고 노력하였으나 부족하다고 느껴지는 경우, 또는 글로는 명확하게 표현되지 않는 경우에는 사진이나 그림 등의 이미지를 덧붙여 표현할 수도 있다.

관찰 기록을 알차게 작성하기 위해서는 관찰한 것을 메모하는 습관을 기르는 것이 좋다. 내가 관찰하고자 하는 것뿐만 아니라, 주변의 크고 작은 변화도 메모하는 습관을 들이고, 이로 인한 변화도 메모하면 좋다. 이때 작은 스프링 메모장을 이용해보자. 그러면 메모하는 습관뿐만 아니라 글을 간단히 기록하는 능력도 향상되고, 자신만의 정보 창고가 생겨서 공부력과 창의력에 도움이 될 것이다.

아이의 일기 들여다보기

파란 꼬리의 베타 관찰

8 월 7 일 금 요일	☼	해가 하루 종일 환하게 비친 날

오늘은 베타를 관찰하였다. 베타를 놓아둔 곳은 신발장 거울 앞이다. 베타는 꼬리를 공작처럼 쫙 펴졌다가 오므려졌다 해야 한다. 그렇지 않으면 꼬리가 오므려져서 잘 펴지지 않는다. 베타는 적이 앞에 있어야 꼬리를 편다. 그래서 거울 앞에 놔두면 자기 모습을 보고 적인 줄 알고 꼬리를 편다.

평소에는 큰 스티커가 붙은 쪽을 거울 쪽으로 해둔다. 그래야 아무 때나 꼬리를 펴지 않는다. 하루에 한 번 어항을 돌려놓는다. 그러면 거울이 잘 보여서 꼬리를 편다. 오늘은 낮에 어항을 돌려주었다. 그랬더니 공작처럼 꼬리를 쫙 편다. 베타는 바보인가보다! 자기 모습인 것도 모르고.

먹이는 하루에 한 번 다섯 알정도 주는데 오늘은 낮에 주었다. 먹이를 잘 먹는다.

베타는 산소발생기가 없어도 산다. 그런데 물 위에 거품이 많이 생겼다. 이게 많아지면 물을 반 정도 버리고, 다시 반을 넣을 주면 되는데 아직 그 정도는 아닌 것 같다.

언젠가 물에 먹이를 너무 많이 넣어서 황토색이 되었던 적이 있다. 그때는 물을 모두 갈아주었다.

우리집 베타는 오늘도 파란 꼬리를 흔들며 헤엄치고 있다.

관악초등학교 3학년 1반 정민구

체험 일기 :
자신감으로 학습 효과를 끌어내는 체험 기록문

선생님! 저희 가족이랑 민구네 가족이랑 체험학습을 가요.

전주 한옥마을로 간다고 했어요.

거기서 어떤 체험을 할 거야?

몰라요. 거기로 간다는 이야기만 들었어요.

체험학습이란 다양한 활동을 통해 배우는 것을 말해. 어디에서 무슨 체험을 하는지 미리 알면 네가 체험할 것을 미리 조사해갈 수 있어. 그러면 체험의 의미가 더 커지지.

엄마께 어떤 체험을 할 건지 여쭤봐야겠어요.

사전에 조사한 것을 바탕으로 보고, 만지고, 조작하는 활동을 하면서 새로운 것을 많이 익혀오세요.

체험 기록

체험학습을 위한 계획을 세우고, 체험하며 쓴 메모나 소책자를 활용하여 체험 기록문을 작성하는 방법이 있다.

체험을 위한 준비	- 언제? : 체험에도 어울리는 때가 있다. 가을에 딸기를 따서 체험을 할 순 없다. - 어디로? : 체험은 박물관, 체험학습장 외에도 시장 등 어디에서나 가능하다. - 무엇을 체험할 것인가? : 체험지에서 어떤 체험을 할 수 있는지 조사한다. - 왜 그것을 체험하려 하는가? 필요한 것은? : 간식, 카메라, 모자, 옷옷 등
체험 정보 찾기	- 조사하기 : 책이나 인터넷을 통해 체험할 것을 미리 학습하기. - 체험학습 계획 세우기.
체험하기	- 안내책자, 기념품 등을 챙기기. - 체험지에서 보고 들은 것은? - 직접 체험한 것은? - 사진으로 남길 것은?
정리하기	- 체험이 한눈에 들어오는 제목 정하기. - 본 것, 들은 것, 한 것, 새로 알게 된 것 정리하기. - 글과 그림으로 체험학습 보고서 쓰기.
주의할 점	- 한 번에 모두 체험하려는 욕심은 버려라. 시간은 오늘만 있는 것이 아니다. - 가기 전에 조사는 꼭 한다. 아는 만큼 보인다는 속담도 있다. - 체험 후 기록은 꼭 남긴다. 기록을 남겨야 기억이 오래간다.

체험 기록은 다음과 같은 질문 순서로 대화를 나누며 지도해보자.

① 언제, 어디로, 누구와, 무엇을 어떻게 체험하였는가? 또는 언제, 어디로, 누구와, 무엇을 체험하기 위해 어떻게 이동하였는가?
② 이 체험을 선택한 이유는?
③ 체험을 위한 준비(준비물과 사전조사 등)
④ 체험한 것은?
⑤ 새로 알게 된 것, 나의 생각과 느낌

체험 기록문 쓰기

주말이나 휴일을 이용해 동물원이나 음악회, 연극도 좋고 아이들이 직접 체험할 수 있는 곳을 둘러봅시다. 자신이 보고 듣고 경험한 것을 기록하면 그만큼 아는 것이 많아지고, 이해의 폭이 넓어지며, 사고의 깊이가 깊어지겠지요. 체험한 것은 가급적 빠른 시일에 기록하는 것이 좋습니다. 기록하기 전에 체험을 함께한 사람들과 이야기를 나누면 하나둘 기억들이 떠올라 글을 쓰기 더 쉬워지지요.

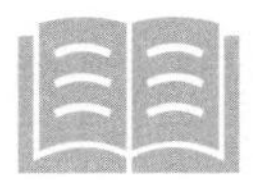

부모님! 이렇게 도와주세요 :
체험 시기 고려하기

체험을 일기로 작성하기 위해서는 아이가 많은 것을 기억하게 해주어야 한다. 가장 좋은 방법은 적절한 시기에 체험하는 것이다. 이를 위해 체험 달력을 만들어보자. 달력에 가족 행사일정을 표시한 후 체험활동이 가능한 날을 꼽아보자. 3월 1일과 3월 21~22일에 체험이 가능하다면, 이 시기에 가면 좋은 곳 또는 의미 있는 곳 등의 체험 목적을 생각한다. 가령 삼일절을 생각하고 독립기념관이나 서대문형무소를 체험의 장소로 선정하는 것이다. 그리고 일정에 따라 집에서의 거리를 생각해, 서울에 위치한 서대문형무소를 갈지, 아니면 조금 먼 충남에 있는 독립기념관으로 갈지 선택하면 된다.

이렇게 체험하기 좋은 곳, 시기, 체험을 기록하는 방법 등을 더 자세히 알고 싶다면, 《체험활동이 아이의 미래를 좌우한다》를 참고하면 좋다.

박점희 저, 《체험활동이 아이의 미래를 좌우한다》, 글로벌콘텐츠

아이의 일기 들여다보기

송천 떡마을의 실패한 떡 체험

8월 2일 화요일		첫날 비 오고, 그 다음은 맑음

나는 가족과 함께 송천 떡마을로 여름휴가를 갔다 왔다. 엄마께서 체험학습 겸해서 가자고 하셔서 그곳으로 갔다.

그런데 가는 첫날 비가 내렸다.

다행히 어제랑 집에 온 오늘은 날씨가 좋았다.

마을이 산속에 있어서 텔레비전도 안 나오고 아무것도 할 게 없었다.

다음 날 아침 엄마가 떡 체험하는 곳에 가보자고 하셔서 우리 가족은 아침을 먹고 갔다.

그런데 거기 아줌마께서 떡 체험을 하려면 새벽에 와야 한다고 하셨다.

날이 더워서 떡을 낮에 만들면 빨리 쉰다고 하셨다. 그래서 먹을 떡만 조금 사왔다. 엄마께서는 시간을 제대로 알아보지 않고 이곳에 온 우리 잘못도 있지만, 떡마을이라고 해서 일부러 멀리까지 찾아왔는데 체험을 새벽에만 할 수 있다는 건 말도 안 된다고 하셨다.

내가 생각해도 새벽에만 체험하는 건 말도 안 된다. 나는 새벽에 못 일어나는데, 그래서 우리는 떡 체험을 포기하고, 먹는 걸로 대신하기로 했다.

관악초등학교 3학년 8반 정유경

선생님 의견

제대로 성공한 체험담도 좋지만 유경처럼 실패한 경험과 그 이유를 담은 일기도 좋은 글이랍니다. 어떤 친구들은 선생님께 검사받을 생각으로 잘한 것이나 좋은 것만 쓰려 하지요. 하지만 일기는 더 나은 내일을 위한 오늘의 기록이기도 하니 있는 그대로 쓰기로 해요.

견학 일기 :
견학 내용을 스스로 정리하는 견학 기록문

우와! 박물관이 정말 커요. 여기를 다 보려면 며칠 걸리겠어요.

소책자부터 챙겨야겠다.

체험 일기를 학습해서인지 무엇부터 해야 하는지 잘 아는구나!

선생님! 저기 보세요. 임금님의 왕관이 있어요. 유경아 너도 얼른 뛰어와.

기다려. 같이 가자.

유경이와 민구는 무엇을 해야 하는지는 익혔지만, 예절은 익히지 못했구나. 박물관은 많은 사람들이 모이는 곳이기 때문에 지켜야 할 것들이 많단다. 뛰지 않는 것은 물론이고, 유물이 있는 유리에 기대면 안 되고, 촬영금지라고 쓰인 곳에서는 카메라를 사용하면 안 된단다. 후레쉬의 빛 때문에 유물에 손상을 입힐 수 있기 때문이지.

휴~ 지켜야 할 것이 많네요. 지금부터는 예절을 잘 지키며 둘러볼게요.

견학 기록

박물관이나 문학관 등을 견학하다보면 유리에 기대어 기록하는 친구들을 많이 볼 수 있다. 예전에는 인터넷이 잘 발달되지 않았기에, 내가 본 것과 한 것을 모두 기록하는 견학을 했다. 하지만 요즘은 내가 본 것의 이름만 잘 알고 있으면 인터넷을 이용해 자세하게 알 수 있는 시대다. 그러니 유리에 기대어 열심히 베껴 쓰기만 하는 견학은 지양하는 것이 좋다.

대신 메모지에 느낌이나 들은 이야기 또는 나눈 대화를 쓰도록 하자. 그러면 견학 기록문을 쓸 때 더 생생하고 알찬 내용을 담을 수 있다.

견학하는 친구들을 보면 혼자 두서없이 둘러보는 친구들을 많이 만난다. 혼자 둘러보면 많은 것을 볼 수 있지만, 나중에 기억이 잘 나지 않을 수 있다. 가능하면 사람들과 어울려 관람한 것에 대해 이야기를 나눠보자. 훨씬 오래 기억할 수 있다.

예를 들어 서울 역사박물관에 가족과 함께 갔다고 하자. 온 가족이 조선시대 의복이 전시된 진열대 앞에 서 있다.

> 아빠 : (양반 복장을 보며) 우리 성은 '정가'니까 양반의 옷을 입었을 거야.
>
> 엄마 : (임금의 옷을 가리키며) 나는 '박혁거세 후손'이니 임금의

옷을 입었을 거야.

아빠 : 여기는 조선시대 역사관이야. 그러니 신라의 박혁거세는 등장하지 않는다고.

엄마 : (양반 복장을 가리키며) 그럼 뭐 우리 가문도 한 벼슬 했었으니, 나도 저 옷을 입었겠군.

이야기를 나누면 내가 놓친 것을 한 번 더 살펴볼 수 있고, 우리 집안의 역사에 대해서도 생각해보는 시간을 가질 수 있다. 그러니 가족이나 친구와 이야기를 나누며 관람할 수 있도록 지도하자.

도슨트 해설을 듣는 경우 모르는 것이 나오면 그냥 넘어가지 말고 질문하자. 이때 아이만 알아듣지 못했다면 부모가 설명을 덧붙여주고, 아이 앞에서 직접 질문을 하는 모습을 보여줘도 좋다. 꼭 알아야 하는 중요한 내용이라면 아이 스스로 질문할 수 있게 유도해보자. 그래야 질문하는 습관을 가질 수 있다.

견학 기록문은 체험 기록문과 비슷한 순서로 작성하면 된다.

① 견학한 곳은?

② 견학을 위한 준비

③ 본 것, 들은 것, 나눈 것

④ 새로 알게 된 것

⑤ 생각과 느낌

견학 기록문 쓰기

일기 지도 팁

견학을 떠나기 전에 우리 친구들과 함께 견학을 하려는 동기와 목적, 그리고 견학에서 무엇을 볼 것인지 등 실제로 볼 것에 대해 이야기 나눠주세요. 견학지에 해설사가 있으면 자세하게 설명을 해주기도 합니다. 하지만 우리 친구들 눈높이에 맞는 설명을 기대하기는 어렵지요. 부모님께서 아이들의 눈높이에 맞추어 다시 한 번 설명해주세요. 그러면 견학에서 배운 것들이 우리 친구들의 것이 될 수 있습니다.

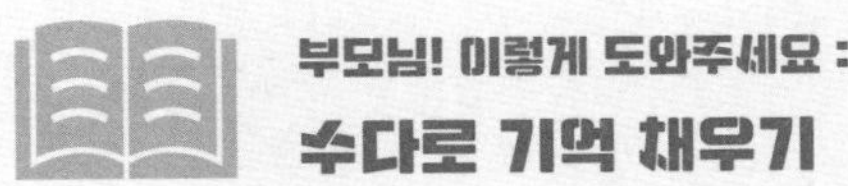

부모님! 이렇게 도와주세요 :
수다로 기억 채우기

아이들은 한 번 경험한 것을 대체로 잊어버린다. “옛날에 왔었잖아.” 하고 이야기하면 “아! 맞다!”가 아니라 “언제?”로 대답한다. 경험을 기억할 수 있게 하는 방법은 수다다. 수다도 정보가 필요하니 부모는 견학에 앞서 아이와 함께 선행학습을 하면 좋다. 그렇다고 아이를 붙잡고 “엄마가 책에서 봤는데…”, “지금까지 한 거 정리해보자.”라고 이야기하면 아이는 다음부터 견학을 가지 않으려고 할 것이다.

자연스러운 환경에서 관심사와 연결 고리가 있는 책을 골라 읽히거나, 간단한 정보를 바탕으로 아이가 조사할 수 있게 해보자.

아이의 일기 들여다보기

우정박물관 견학

5 월 18 일 일일이 웃는 날	☁	흐리다가 맑았다가

엄마와 함께 남대문에 있는 서울 중앙 우체국의 우정박물관을 다녀왔다.

우체국에서 우체통과 우체부 아저씨랑, 우체국에 관련된 걸 많이 보았다.

세계 우표도 많이 있었다. 그중에 영국 우표는 왕과 왕비 그림이 많았다.

우체통 중에는 미국 우체통이 멋있었다.

우리나라에서 우정총국이라는 우체국을 처음 세운 사람은 홍영식이라고 쓰여 있었다.

우체국의 여기저기를 둘러보니 참 재미있었다.

관악초등학교 2학년 5반 정유진

선생님 의견

우정박물관을 견학하게 된 계기가 있었나요? 견학을 위해 어떤 준비를 하였나요? 견학 일기에 빠진 내용들을 보충하면 지금보다 더 길고 알찬 일기가 될 거예요.

기행 일기 :
아이의 호기심을 자극하는 기행문 쓰기

선생님! 저, 엄마랑 아빠랑 제주도로 여행 다녀왔어요. 거기에서 똥돼지도 보고, 화가 아저씨의 미술관도 봤어요.

어쩐지 며칠 안 보이더라!

유경이, 제주도에서 사진은 많이 찍어 왔니?

예. 엄마가 많이 찍으셨어요. 그런데 카메라를 바다에 빠트려서 나중에 핸드폰으로 찍은 것밖에 없어요.

아! 진짜 화나겠다. 우리집도 그런 적 있는데. 근데 엄마가 카메라보다 돌아다니면서 찍은 사진이 모두 사라져서 아깝다고 하셨어.

그러게. 사진은 추억을 기록하는 일인데, 그게 사라져서 많이 아깝겠구나. 사진이 있다면 기행문 쓰기도 훨씬 쉬웠을 텐데 말이야.

사진으로 기행문을 써요? 알려주세요.

기행문 기록

기행문은 글을 쓰는 사람에게는 기념이 되고, 글을 읽는 사람에게는 여행의 안내서가 될 수 있다. 그래서 기행문을 쓸 때는 여행의 경로나 시간에 따라 사실대로 적는 것이 좋다.
우선 여행을 하기 전에 계획을 세우고, 여행지에 대해 미리 조사하자.

여행을 하려는 이유	휴식하기 위함인지, 문화유적을 둘러보기 위함인지
여행하고자 하는 장소	산? 바다? 계곡? 명승지?
여행에 필요한 것	지도, 필기도구, 세면도구, 여벌 옷, 수영복 등
여행에서 볼 것	나무, 폭포, 명승유적 등
여행에서 할 것	신식물채집, 수영, 유적체험 등

아이와 함께 여행 계획을 세우고 여행지에 대한 정보를 미리 알아두면 호기심을 자극할 수 있다. 또 둘러봐야 할 것을 정리하면 사전 지식이 쌓인다.
계획을 세웠다면 이제 여행을 하면서 일어나는 일들을 기록하면 된다.

언제	아침 일찍
어디서	○○○의 고택에서
어디를 거쳐	국도를 따라
본 것	오래 된 은행나무
들은 것	양반은 귀한 이가 태어나면 은행나무를 심었다고 한다.
생각이나 느낌	나도 탄생나무가 있었으면 좋겠다.

여행 중에 있었던 일과 여행 중에 만난 사람과 나눈 이야기, 인상 깊었던 풍경, 여행 하면서 든 생각이나 느낌 등을 기록하면 된다.

사진을 활용하면 다음과 같은 이유에서 기행문 쓰기가 쉬워진다.

＊ 사진을 보면 잊었던 추억이 떠오른다.

⇨ 여행을 했다고 해서 모두 기억에 남는 것은 아니다. 이때 사진을 통해 장소, 본 것, 만난 사람, 먹은 것 등을 시간대별로 확인하고 떠올릴 수 있다.

＊ 사진은 우리가 쓴 글을 보충한다.

⇨ 보고서에 사진도 함께 붙이면 길게 설명하지 않아도 이해가 쉽다.

* 사실을 증명할 수 있다.

⇨ 사진은 우리가 그곳에 있었음을 증명해준다.

사진으로 기행문을 쓰려면 우선 다녀온 여행지에 관한 사진이 필요하다. 사진은 시간의 흐름에 따라 나열해야 글이 뒤죽박죽 엉키지 않는다.

	이곳은 경상남도 하동이에요. 소설《토지》의 최참판 집이래요. 여기에 서희가 살았다고 해요. 제 뒤로 초록색 저고리를 입은 여인이 서희이고요, 옆의 남자는 하인 길상이래요. 여기서 '헬로! 애기씨'라는 드라마도 찍었대요.
	최참판 집 아래에는 맛있는 국밥을 파는 장터가 있었어요. 소나기가 내려서 우리 가족도 이 장터에서 국밥을 맛있게 먹었어요. 아빠는 파전에 동동주도 드셨고요.
	비가 그치고 우리 가족은 근처에 있는 도자기 전시관을 찾았어요. 건물도 예쁘고 주변에 정원이랑 잔디밭이 예쁘게 잘 가꾸어져 있었어요. 그런데 문이 닫혔지 뭐예요. 아빠는 아예 문을 닫은 전시관 같다고 하셨어요.

사진으로 기행문 쓰기

일기 지도 팁

기행문을 쓰려면 아이에겐 부모의 도움이 필요합니다. 우선 여행하면서 많은 이야기를 나누어주세요. 아이들은 세상을 보는 시야도, 지식도 부족합니다. 부모와 대화를 나누며 무엇이 중요하고, 그 속에 어떤 이야기가 담겼는지 그리고 우리 가족사와 얽힌 이야기를 알아갑니다. 그러면 자연히 글감도 많아집니다.
그리고 다양한 사진을 찍어주세요. 아이들을 주인공으로 한 사진도 좋지만 자연이나 건물 등을 중심으로 찍은 사진도 필요합니다. 그래야 사물에 대한 이야기도 쉽고 재미있게 쓸 수 있답니다.

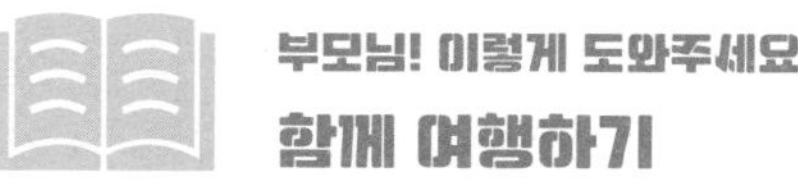

부모님! 이렇게 도와주세요 : 함께 여행하기

학부모를 대상으로 독서지도 교육을 할 때 “아이에게 책을 읽어주세요”라고 하면, 어김없이 “언제까지요?”라는 대답이 돌아온다. 그럼 “고등학생 때도 읽어주는 것이 교육면에서 효과가 있어요.”라고 답한다. 물론 초등학생과 고등학생에게 적용되는 기준이 다르겠지만.

이와 마찬가지로 “아이와 언제까지 함께 여행해야 하나요?”라고 묻는다면 “평생이요.”라고 답한다. 돌아오는 대답은 “얘가 이제는 같이 안 다니려고 해요.”이다. 가족이 함께 여행하면 좋은 점이 있다. 같은 것을 보고나서 생각을 공유할 수 있고, 어려움도 함께 풀어갈 수 있다.

여행하면서 아이들에게 재밋거리를 만들어주는 것도 필요하다. 그중 하나가 아이들에게 카메라를 주는 것이다. 물론 요즘은 아이들도 스마트폰을 가지고 사진 찍는 것에 익숙하니 활용하면 된다. 만약 카메라가 없다면 부모가 찍은 사진과 아이가 찍은 사진을 비교해보자. 누군가는 배경을 더 멋지게, 또 다른 누구는 사람을 멋지게 담기도 한다. 이러한 과정을 통해 멋지게 촬영하는 방법을 익힐 수 있다.

촬영하는 방법을 익혔다면 일기에 담을 사진을 제대로 찍어보

자. 일기를 쓰기 위해 사진을 고르다 보면, 대부분의 사진에 아이가 중심 이미지로 등장하고 있음을 발견한다. 물론 아이가 그 장소에 있었다는 증거도 필요하겠지만, 그건 중요한 몇 장의 사진이면 된다. 부모가 찍은 사진이 아니라, 아이가 찍은 사진을 살펴보며 왜 그것을 담았는지 이야기 나눠보자. 이런 과정을 통해 아이가 무엇에 관심을 가지고 있는지, 어떤 것을 잘 하는지 등을 발견할 수 있다.

앞으로 떠나는 여행에서는 아이가 사진 속의 이미지로 남는 수동적 기행 기록보다 자신이 관심 있는 것들을 직접 찍고, 그것들을 끄집어내어 곱씹으며 기록할 수 있도록 기회를 제공해주자.

마이의 일기 들여다보기

초록의 하동 여행

8월 16일 목요일	(날씨)	맑은 날 갑자기 내린 소나기가 미운 날

경상남도 하동으로 가족 여행을 다녀왔다. 그곳에는 소설 '토지'의 최참판 집이 있었다. 거기서 서희와 길상을 보았다. 여기서 '헬로! 애기씨'라는 드라마도 찍었다고 한다.

최참판 집 아래에는 국밥을 파는 장터도 있었는데 소나기가 내려서 우리 가족도 이 장터에서 국밥을 맛있게 먹었다. 아빠는 파전에 동동주도 한 잔 드셨다.

비가 그치고 우리 가족은 근처에 있는 도자기 전시관을 찾았다. 건물도 예쁘고 주변에 정원이랑 잔디밭이 예쁘게 잘 가꾸어져 있었는데 문이 닫혀 있었다. 아빠는 문을 닫은 전시관 같다고 하셨다.

하동은 온통 초록의 동네였다. 나무도 많고, 잔디도 많고, 자연이 예쁜 동네였다.

관악초등학교 2학년 5반 정유진

선생님 의견

가족 여행에 대해 구체적으로 썼네요. 하동을 '초록의 동네'라고 표현한 것이 재미있네요. 일기는 이렇게 표현력을 쑥쑥 키워준답니다.

〈특별부록〉

주제 일기 활용

학교에서 / 학원에서 / 집에서 / 특별한 날

1 새 학년이 되었어요.

새로운 학년이 시작되었네요. 나이도 한 살 더 먹고, 학년도 진급한 기분이 어떤가요? 올해 2학년이 된 친구들은 1학년 후배도 생겼을 거예요. 이런 생각들을 일기에 담아보세요.

형님이 되었어요

3월 4일 일요일	☼	맑은 날인데 좀 춥다

오늘은 2학년이 된 첫날이다. 새 교실을 찾아 가야 해서 조금 헷갈렸다. 일찍 가길 잘했다. 학교 끝나고 집에 가는데 아는 동생을 만났다. 우리 학교 1학년 1반이라고 했다. 나도 1학년 때 1반이었는데. 그래서 나는 내 후배라고 가르쳐줬다. 내가 형이 되니 기분이 좋았다. 잘 가르쳐줘야지.

선생님 의견

아는 동생이 누구였나요? 시간이 지나 일기를 다시 읽었을 때 아는 동생이 누구였는지 알 수 있도록 정확하게 기록해주세요.

2 선생님,
우리 선생님

새 학년이 되어 새로운 선생님을 만났어요. 알고 있던 선생님인가요? 아님 처음 뵙는 선생님인가요? 자상하신 분이세요? 아님 호랑이처럼 무서운 분이세요? 올 한해 행복할 것 같은지 아님 조심해야 할지 살짝 얘기해보세요.

우리 담임선생님은 키가 크다

3월 15일 목요일	(바람)	날이 다시 추워졌다
우리 선생님께서 선생님을 만난 느낌을 일기에 써오라고 하셨		
다. 우리 선생님은 여자인데 키가 크다. 그리고 목소리도 크시다.		
애들이랑 며칠밖에 같이 안 있었는데 벌써 애들 이름을 다 외우		
셨다. 나는 아직 친구들 이름을 다 못 외웠는데…		
선생님 의견		
선생님 성함부터 소개해주세요. 그래야 몇 년이 지나 중학생이나 고등학생이 되었을 때에도 선생님 성함을 기억할 수 있답니다.		

3 새 짝꿍을 만났어요.

새 짝꿍을 만나기 위해 복도에 키대로 줄섰었나요? 그때 나는 몇 번째였나요? 내 짝꿍이 누가될지 궁금하지 않았나요? 그때의 마음은 두근거렸나요? 새 짝꿍의 첫인상과 함께 일기를 써보세요.

새 짝꿍

3월 5일 월요일	☂	비온 날
짝꿍이 누가될까 진짜 궁금했는데 오늘 선생님께서 짝꿍을 정해		
주셨다. 선생님께서 남자끼리 짝하고 싶은 사람은 손들라고 하		
셔서 나는 남자가 짝꿍이 됐다. 다른 친구들은 복도에서 키대로		
줄서서 남자랑 여자랑 짝꿍을 정했다.		
선생님 의견		
그동안은 짝이 없었나요? 그리고 왜 남자끼리 짝을 하고 싶었는지 설명해주면 다음에 이 일기가 공적으로 쓰이게 되거나 나의 어린 시절을 돌아봤을 때 그 시대를 이해할 수 있는 자료가 되겠지요.		

4 회장 선거를 했어요.

여러분도 회장 후보에 올랐나요? 내가 아니라면 우리 반에서는 누가 후보가 되었나요? 나는 그중에 누구를 뽑았나요? 회장으로 뽑힌 친구는 어떤 친구인가요? 여러분은 어떤 학생이 회장이 되어야 한다고 생각하는지 써보세요.

회장 선거

3월 19일 월요일	☼	맑음
오늘 회장 선거를 했다. 회장 후보에 나랑 지연이랑 은주가 나		
왔다. 그런데 떨어졌다. 은주가 회장이 되었다. 그래서 기분이		
안 좋다. 나는 내가 될 줄 알았는데. 나는 2학기 때 다시 나가		
봐야겠다.		
선생님 의견		
몇 표를 얻었나요? 자신이 될 줄 알았는데 떨어진 이유는 무엇이었을까요? 나를 되돌아보는 시간을 가져보세요.		

5 점심시간은 즐거워요.

오늘 반찬은 어떤 것들이 나왔나요? 오늘 급식 당번은 누구였나요? 그리고 급식의 맛은 어떤가요? 그날그날 배식받은 밥과 반찬은 남기지 않고 다 먹나요? 내가 좋아하는 음식 이야기와 함께 일기를 맛있게 요리해보세요.

맛있는 점심 주세요!

4월 10일 화요일	(바람)	황사 바람 쌩쌩~~

오늘 급식에 비빔밥과 깍두기가 나왔다. 내가 제일 좋아하는 밥과 제일 싫어하는 반찬이다. 밥은 맛있어서 다 먹었는데 깍두기는 싫어서 하나도 안 먹었다. 반찬 없이 밥만 먹으니까 좀 그랬다. 내일은 맛있는 반찬이 많이 나왔으면 좋겠다.

선생님 의견

좀 그랬다는 것은 어떻다는 것인가요? 이왕이면 자신의 생각을 잘 드러낼 수 있는 표현을 쓰도록 해요.

6 숙제를 했어요.

오늘 과제는 무엇이었나요? 수학 문제 풀기? 아님 수업 시간에 다 못한 것 해오기? 그리고 과제의 양은 많았나요? 아님 적당했나요? 또 과제를 하면서 든 생각은 무엇이었나요? 오늘 숙제에 대해 일기를 써보세요.

학교 숙제

9월 15일 토요일 | (흐림) | 하늘이 온통 흐렸어요

사포에 종이접기를 해서 붙이는 게 숙제였다. 문방구에 가서 사포를 샀다. 까끌까끌했다. 거기에다가 배랑 물고기를 접어서 붙였다. 엄마가 말씀하신대로 파란색으로 물을 그리고 하늘색으로 하늘을 그리니 ~~멋있게 됬다.~~ 멋있게 됐다. 학교에서 하면 시간이 모자라는데 집에서 하니까 시간이 모자라지 않아서 좋았다.

선생님 의견

3학년 이상이라면 맞춤법을 하나둘 제대로 쓰려고 노력해야겠지요. 만약 그 낱말이 생각나지 않는다면 비슷한 다른 낱말을 떠올려보세요. '됬다'인지, '됐다'인지 헛갈린다면 '되었다'로 쓰면 된답니다.

7 과학의 날을 맞아 행사를 했어요.

4월은 과학의 달이라 학교에서 다양한 행사를 하지요. 우리 친구는 어떤 행사에 참여하였나요? 글을 썼다면 어떤 주제로, 만들기를 했다면 무엇을, 존경하는 과학자가 있다면 누구인지 등을 일기에 소개해보세요.

물로켓 대회

4월 21일 토요일		하늘이 회색

오늘은 학교에서 과학의날행사로 물로켓대회를했다. 페트병으로 로켓을 만들었다. 집에서 만들어 오는 것은 실격이니까 무조건 학교에 모여서 만들어야한다고하셨다. 다만든다음에 발사시합을 했는데 나는 3등을했다. 민식이의 로켓은 첫 발사에서 날개가 부서졌다. 그래서 두번째 시합은 못했다. 발사대에 잘꽂는 게 제일 어려웠다.

선생님 의견

띄어쓰기에 너무 억매일 필요는 없지만 3학년 이상의 친구들이라면 '아버지가 방에 들어가시다'를 '아버지 가방에 들어가시다'로 쓰지 않도록 주의해야겠지요. 이제 차츰 띄어쓰기도 생각해주세요.

8 봄 소풍을 다녀왔어요.

무엇을 타고 어디로 다녀왔나요? 혹 어머님들도 함께 가셨나요? 그곳에서 무엇을 했지요? 그리고 빠질 수 없는 맛있는 도시락에는 무엇이 들어 있었나요? 오늘 신나게 놀 수 있어 좋았던 기분을 일기에 담아주세요.

소풍

4 월 20일 금요일	☼	오늘 날씨는 정말 맑고 더움
소풍은 참 즐겁다. 그러나 오늘 소풍은 재미가 하나도 없었다. 왜		
냐하면 기구를 4개 탄다고 했는데 기구를 하나도 타지 않았다.		
그리고 더워서 짜증도 좀 났다. 이렇게 더운 날 놀이동산에 소풍		
오기는 처음이다. 힘도 들고 재미도 조금밖에 없어서 아쉽다.		
선생님 의견		
일기에 어디로 소풍갔는지 나와 있지 않네요. 기구를 못 탔다고 하는 걸 보면 놀이동산이었을 것 같은데 말이지요. 그리고 기구를 못 탔다면 소풍가서 무엇을 하였는지 기록해주세요. 한 것은 없고 못한 것만 있으니 하루 동안 어떤 일이 있었는지 전혀 알 수 없는 글이 되었네요.		

9 상을 받았어요.

학교생활을 열심히 하다보면 이런저런 상을 받을 수 있습니다. 회장이나 부회장으로 임명받는 임명장, 백일장 등 대회에서 받은 우수상, 시험을 잘 봐서 받는 우등상, 선행으로 받는 선행상 등 여러 가지가 있지요. 내가 받은 상을 자랑하는 일기를 써보세요.

백일장 우수상

4월 12일 목요일	☁	비가 올 것 같이 흐림

학교 백일장 대회에서 시를 썼는데 우수상을 받았다. 집에 가서 먼저 큰고모에게 자랑하고, 그 다음 할머니 할아버지께 자랑을 하였다. 그리고 밥을 먹고 나서 피아노 치고 온 다음 엄마께 자랑하고, 고모부와 둘째고모에게도 자랑을 하였다. 상을 받아서 기뻤다.

선생님 의견

어떤 시를 썼었나요? 시의 내용이 자세히 기억나지 않더라도 간단히 기록해 주세요. 그리고 시의 어떤 부분이 높이 평가받아 상을 받았는지도 선생님께 여쭈어보고 기록해두면 좋답니다.

10 시험이 싫어요.

시험 치를 때 기분은 어떤가요? 아는 문제가 더 많았나요? 아니면 모르는 문제가 더 많았나요? 어떤 문제를 왜 틀렸나요? 엄마께 말씀은 드렸나요? 엄마께서 무슨 말씀을 하셨나요? 시험 때문에 엉킨 기분을 일기에 풀어보세요.

중간고사

10월 23일 화요일	☼	날씨가 좋다
오늘은 학교에서 중간고사 시험을 봤다. 국어는 100점, 수학은 95점, 바른생활은 70점 같다. 슬기로운 생활은 75점 같다. 그리고 태권도에서 1:3으로 졌다. 그래서 2위를 기록했다. 그리고 집에 와서 밥 먹고 텔레비전 본 다음 숙제하고 잤다. 시험을 이 정도면 잘 본 걸까?		
선생님 의견		
이 일기는 시험을 볼 때의 과정과 기분보다 시험을 보고 난 후의 점수에 더 많이 신경을 쓰고 있네요. 점수도 중요하지만 시험을 칠 때의 자신의 생각과 느낌도 매우 중요하답니다. 함께 기록하는 습관을 길러주세요.		

11 학예회를 했어요.

가을이 깊었네요. 귀뚜라미도 목청 높여 울고 우리 친구들도 소리 높여 부르는 학예회. 우리 친구는 어떤 부분에 참여하였나요? 노래? 무용? 연극? 또 다른 친구들은 어떤 것을 보여주었나요? 풍성한 학예회 이야기보따리를 풀어보세요.

학예회 날

10월 23일 화요일	☼	날씨가 좋다
오늘은 학교에서 학예회를 했다. 나는 경아랑 다른 친구들이랑 발레를 했다. 그리고 나 혼자 동요도 불렀다. 두 번이나 무대에 올라갔다. 노래를 잘 부른다고 선생님들이랑 아줌마들이 칭찬해주셨다.		
선생님 의견		
노래는 어떤 곡을 불렀나요? 칭찬을 들었을 때 기분이 어땠나요? 일기를 쓸 때에는 있었던 일과 느꼈던 것들을 다시 한 번 생각해보세요.		

12 신나는 대운동회

학교 운동장에 만국기가 걸렸어요. 여러분은 백군인가요? 청군인가요? 학년마다 선보이는 매스게임과 무용이 멋지지요! 여러분은 어떤 복장으로 무엇을 발표했나요? 운동회의 꽃, 이어달리기는 어느 팀이 이겼는지 일기에 써보세요.

운동회

10월 14일 일요일	☼	맑음
오늘은 학교에서 운동회를 했다. 첫 번째로 선서를 하고 체조를 했다. 그리고 지구를 굴려라에서 이겼고 피라미드 쌓기에서는 졌다. 점심은 동원이네랑 먹고 50미터 달리기를 했는데 1등을 했고, 줄다리기를 해서 두 번이나 이겼다. 270대 280으로 졌는데 계주로 이겨서 320점으로 이겼다.		
선생님 의견		
하루 종일 운동회를 했으니 즐거운 일도, 힘든 일도 많았을 텐데 일기는 긴 편이 아니네요. 그리고 어떤 팀이 320점으로 이겼다는 것인지도 알 수 없어요. 의무적으로 쓴다고 생각하지 말고 오늘 있었던 즐겁고 힘든 일을 풀어 놓는다고 생각하며 써보세요. 일기장에 할 이야기가 더 많아질 것입니다.		

13 수업 시간은 언제나 즐거워

오늘은 어떤 과목을 공부했나요? 국어, 영어? 오늘 배운 것 가운데 재미있었던 수업이나, 반대로 어렵고 따분한 수업은 무엇이었나요? 그 이유와 함께 공부가 재미있으려면 어떻게 해야 할지 일기에 이야기해보세요.

두근두근 공개수업

10월 24일 수요일	☼	맑음
나는 오늘 공개수업을 했다. 2-1반 선생님도 오시고 2학년 선생님		
들이 다 오셨다. 처음엔 문제를 봤는데, 토끼와 거북이가 이야기를		
재미있게 했다. 토끼가 거북이에게 하고 싶은 말이 오늘 문제가		
그리고 쓴 걸 발표하고 11시 15분에는 조금 O X 퀴즈를 했다.		
선생님 의견		
글이 자연스럽지 않고, 어딘지 문장이 어색해서 제대로 이해되지 않아요. 일기도 원고에 쓴 글과 같이 자신이 쓴 글을 다시 읽고 수정하는 작업을 해야 해요. 글쓰기에서는 이런 과정을 퇴고라고 하지요. 일기도 퇴고를 거치면 좋은 글이 될 수 있어요.		

14 딩동딩동 피아노 학원에 다녀요.

친구들이 가장 많이 배우는 악기가 피아노지요. 오늘은 무엇을 얼마나 연습했나요? 피아노 치기 즐거웠나요? 오늘의 레슨 내용은? 피아노를 어디까지 칠 것인가요? 체르니 40? 피아노에 관한 학습 일기를 써보세요.

피아노

6 월 23일 토요일		하루 종일 비만 왔음
내가 제일 좋아하는 피아노 학원에 갔다. 인형의 꿈. 스타카토를 쳤다. 2가지 모두 6번씩 쳤다. 그 다음에 바장조 반에서 레슨받지 않고 가장조 반에서 레슨받았다. 그리고 나서 이론과 종합장을 하였다. 참 재미있었다.		
선생님 의견		
인형의 꿈과 스타카토는 어떤 음악이지요? 인형의 꿈을 배운지 며칠째 되는 날이었나요? 혹시 오른손만 익히지는 않았나요? 자신의 연습량을 기록해보세요. 그리고 그 음악에 대해 느낌도 함께 기록해주세요. 음악을 이해하는 데에도 도움이 된답니다.		

15 영어 학원에 다녀왔어요.

학원은 일주일에 몇 번 가나요? 한 번에 몇 시간씩 공부하죠? 자신의 실력은 어느 정도인가요? 영어가 좋은 이유? 싫은 이유? 왜 영어를 배워야 한다고 생각하나요? 엄마가 보내서? 그 이유를 일기에 담아보세요.

영어

7월 11일 수요일	☼	더웠다
영어는 참 어려운 단어인가보다. 나도 영어를 다니고 있는데 참 어려웠다. 나는 한국말이 좋은데 왜 영어를 배워야 할까?		
선생님 의견		
영어가 어렵다고 생각한 이유를 써주세요. 그리고 어떤 단어 때문에 어렵다고 생각하는지 자세하게 써주세요.		

16 수학 학원에 갔다 왔어요.

수학이 좋은가요? 아님 어려운가요? 국어를 잘 해야 수학도 잘 할 수 있다는데 혹시 국어가 어려워 수학도 어려운 건 아닌가요? 아니면 매일 똑같은 연산이 싫다고 피하고, 하지 않아서 그런 건 아닌가요? 수학에 관한 일기를 써보세요.

분수가 어려워!

8월 16일 목요일	☼	찜통같이 더운 날
오늘 학원에서 분수를 배웠는데 잘 이해가 안 된다. 친구들은 쉽다고 하는데 나는 하나도 모르겠다. 피자로 생각하라고 하시는데 그게 더 어렵다. 좀 더 쉽게 공부할 수 있는 방법은 없을까?		
선생님 의견		
학습 일기를 써본 적 있나요? 하루의 일을 정리하는 일기도 좋지만 이럴 때 학습 일기를 써보세요. 왜 어려운지, 이해되지 않는 것은 무엇인지. 그렇게 하면 이해되지 않던 것들도 풀리고, 학습 능력도 오를 것입니다.		

17 검도장에 다녀왔어요.

태권도, 합기도, 검도 등 운동을 배우는 친구들이 많지요. 오늘은 어떤 것을 연마했나요? 여러분은 어느 정도의 실력을 갖췄나요? 사범님은 어떤 분이신가요? 그리고 함께하는 친구들은 어떤가요?

태권도 사범님

12월 26일 수요일		너무 추웠다
오늘 태권도장에 갔더니 새로운 사범님이 수업을 하고 계셨다.		
조금 어색했다. 새로 만나서 그런가? 그래서 그런지 9:5로 패		
했다. 기분이 별로 좋지 않았다. 오랜만에 돔에서 경기를 했어도		
졌다.		
선생님 의견		
새로운 사범님은 어떤 분이셨나요? 새로 오신 사범님의 첫인상을 일기에 담아보세요. 그리고 며칠 뒤 일기장 속의 사범님과 지금의 사범님을 비교해보는 거예요. 물론 좋은 점들만 이야기해주세요. 비교가 비난이 되면 안 되니까요. 그럼 재미있는 일기가 될 거예요.		

18 실험하고 탐구하는 과학 학원에 다녀요.

오늘은 어떤 실험을 했나요? 실험할 때 여러분의 복장은 어떠했나요? 의사나 연구원과 같은 하얀 가운을 입고 했나요? 어떤 실험이 가장 재미있었나요? 지렁이 해부? 재미있거나 기억에 남는 실험 이야기를 써보세요.

개구리 해부

11 월 11일 일요일		찬바람이 부는 날
오늘은 개구리 해부 실험을 했다. 친구들이 개구리를 안 만지는데		
내가 비닐장갑 끼고 해부했다.		
선생님 의견		
친구들이 왜 개구리를 만지지 않았나요? 그리고 일기를 쓴 친구는 개구리 해부를 했을 때 어떤 생각을 했나요? 일기 속에 자신의 생각이 없어요. 앞으로는 일기 속에 자신의 생각을 담아주세요.		

19 방과 후 학교에 다니고 있어요.

요즘은 학교에서도 방과 후에 여러 가지를 배울 수 있도록 프로그램이 운영되고 있지요. 여러분은 어떤 것을 배우고 있나요? 종이접기? 레고? 축구? 자신이 배우는 것과 방과 후 학교를 소개해보세요.

더운 날 하는 축구교실

9월 8일 토요일	☼	아주 더운 날

오늘 축구교실 수업이 있었다. 그런데 날이 너무 더워서 축구를 하기 싫었다. 선생님께 놀자고 했다가 혼났다. 수업 끝날 때 엄마랑 다른 아줌마들이 아이스크림을 사오셨다. 맛있었다.

선생님 의견

날이 더울 때는 움직이기 싫어지지요. 이럴 때일수록 땀을 흘리고, 수분도 보충하면 무더운 여름을 잘 지낼 수 있어요. 그리고 오늘 축구교실에서 배웠던 것에 대한 이야기도 담아보세요. 그러면 기억에 오래 남을 거예요.

20 새로운 것을 배웠어요.

우리 친구들은 각자 취향에 따라 다양한 것들을 배우지요. 어떤 것을 배우나요? 수영? 발레? 바둑? 자신이 배웠던 것을 쓰고, 함께 배우는 친구들의 이야기와 배우면서 일어난 일에 대해 이야기해보세요.

수영과 국화빵

10월 29일 월요일		흐렸다가 맑아진 날

자유 수영으로 자유형, 배형, 평형을 했다. 그때 엄마가 오셨다. 엄마가 탈의실에 들어와서 내 등에 물기를 닦아 주셨다. 밖에 나가서 마을버스를 타려는데 국화빵 파는 곳이 보여서 엄마께 사달라고 했다. 운동해서 배고파서 국화빵이 정말 맛있었다.

선생님 의견

운동한 다음 먹는 간식은 정말 꿀맛이지요. 아주 간단한 일기이지만 제목에 딱 어울리는 일기네요. 조금 다듬자면 '운동해서 배고파서...'라는 표현을 '운동을 해서 배가 고팠기 때문에 국화빵이 더 맛있었다'로 바꾸면 좋겠지요.

21 TV를 재미있게 봤어요.

재미있었다는 것은 배꼽 잡고 깔깔깔 웃어야만 하는 건 아니에요. 내가 관심이 있어 잘 본 것이 재미랍니다. 친구들이 좋아하는 프로그램은 무엇이었나요? 누가 출연했죠? 그렇게 생각한 이유를 담아 일기에 소개해보세요.

TV

6월 30일 토요일		비 옴

TV를 봤다. 남성팀과 여성팀이 나왔다. 뿅망치 대결을 하였다. 엉망이어서 누가 이겼는지 모르겠다. 속담 맞추기가 제일 어려웠다. 얼음과일 먹기는 남성팀이 먼저 먹었다. 점수는? 여 : 710, 남 : 570 으로 여성팀이 이겼다.

선생님 의견

어떤 프로그램을 봤는지 알 수가 없네요. 프로그램 제목까지 써주어야 좋은 글이 됩니다.

22 엄마께 꾸지람 들었어요.

어떤 일로 꾸지람을 들었나요? 엄마께서 혼내시는 정확한 이유를 알았나요? 엄마께서 혼내신 이유를 엉뚱하게 생각하고 쓴 건 아니죠? 반성이나 생각을 담은 일기를 써보세요.

음식 뱉어서 혼난 날

4월 26일 월요일	☂	비가 왔다
수영을 마치고 엄마와 짬뽕을 먹었다. 짬뽕을 먹는데 뭔가 이상한 게 있어서 뱉었다. 그래서 엄마에게 혼났다. 다음부터는 음식을 뱉지 말아야겠다.		
선생님 의견		
뭔가 이상한 것이 무엇이었나요? 뱉어서 엄마께 혼난 것을 보니 먹는 음식을 뱉은 것 같은데 맞나요? 이 일기만 읽고서는 어떤 일이 있었는지 정확히 알 수 없어요. 또 일기를 잘못 이해하면 먹을 수 없는 음식을 뱉었는데 엄마가 괜히 혼내신 것처럼 보일 수 있어요. 그러니 자세하게 쓰도록 해요.		

23 신문을 읽었어요.

어떤 신문을 읽었나요? 어린이신문? 아니면 부모님이 보는 일간지? 신문 속에 어떤 내용이 담겨 있었나요? 그중 관심을 끄는 기사는 무엇이었나요? 기사를 읽고 나의 생각을 덧붙여 신문 일기를 써보세요.

신문 일기

4월 12일 목요일	(우산)	봄비가 내림
① 흥국생명 GS 칼텍스에게 3:2로 역전승, 1승 추가		
② 오늘 7시 30분 한국과 북한 2010년 남아공 월드컵 3차 예선		
③ 맨유, 첼시 누르고 내일 아스날에게 도전장을 낸다.		
④ 타이거우즈 6연승 행진중		
⑤ 이형택, US 오픈컵 4강 이길 수 있을까?		
선생님 의견		
날짜를 쓰지 않아 언제 보도된 뉴스인지 알 수 없죠? 일기는 하루의 기록이니 날짜는 잊지 않고 꼭 써주세요. 그리고 기사가 어떤 내용이었는지, 나의 생각은 무엇인지 함께 써주세요.		

24 엄마와 대청소 했어요.

자기 방은 스스로 치워야 해요. 그런데 얼마에 한 번씩 청소 하나요? 매일? 일주일에 한 번? 혹 방을 청소할 때마다 빨랫감이 산더미처럼 나오는 것은 아닌가요? 양말도 한 짝씩 발견되기도 하구요. 말끔해진 방을 일기로 보여주세요.

대청소

3월 25일 일요일	☼	하늘이 깨끗하게 맑은 날
오늘은 엄마가 대청소하자고 하셨다. 그래서 방 청소도 하고 거		
실 청소도 했다. 청소하고 나니까 방이 깨끗했다.		
선생님 의견		
왜 대청소를 하자고 하셨는지 그 이유와 내 방이 청소하기 전과 청소한 후의 모습이 어땠는지 글로 표현해보세요.		

25 심심할 때에는 생각 일기를 써요.

보통 방학이 되면 할일이 줄어서 심심한 날이 늘어나지요. 그러면 이럴 때 무엇을 하면 좋을까요? 심심할 때 같이 놀 수 있는 친구는 누구일까요? 내일은 심심하지 않도록 일기에 고민을 풀어보세요. 그렇다고 하지 않은 거짓말 일기를 쓰라는 이야기는 아니에요.

운동을 하면 좋은 점과 나쁜 점

1월 15일 월요일		바람 불어 추운 날

운동을 하면 좋은 점은 일단 몸이 튼튼해진다. 운동을 하면 힘은 좀 들지만 몸과 마음이 시원해진다. 엄마는 땀을 흘리면서 피로가 풀리고, 고민도 풀린다고 하신다. 그러나 운동을 하면 나쁜 점도 생긴다. 숨이 차고 몸이 힘들다. 그리고 심하게 뛰면 성장이 제대로 안 될 수도 있다고 한다.

선생님 의견

어때요? 이렇게 써도 재미있죠? 이렇게 친구들이 관심 있는 분야에 대한 생각을 써보세요.

26 늦잠을 잤어요.

아침에 일어난 시각은? 그때부터 학교에 가기 전까지 준비하는 시간이 얼마나 걸렸나요? 혹시 빠뜨리고 나간 것은 없었나요? 늦잠을 잔 이유는 무엇이었나요? 늦잠자지 않으려면 어떻게 해야 할지 일기에 담아보세요.

지각

7 월 8 일 일 요일	(날씨)	맑았다가 흐렸다가

아침에 6시 몇 분에 일어났다. 그런데 다시 졸았다. 다시 깨어난 시간은 8시 15분. 엄마가 깨우고 깨우셔서 일어났다. 세수하고 가방 챙겼는데 가방을 저녁에 챙겨놓지 않았다고 엄마께 혼도 났다. 그리고 학교 가니까 지각이었다.

선생님 의견

오늘은 반성할 일이 확실하네요. 저녁에 가방을 미리 챙겨두어야 한다는 것. 일기를 쓰면서 반성을 했으니 실천에 옮기도록 해요.

27 실수를 했어요.

우리는 실수를 해요. 넘어지기도 하고, 엎지르기도 하고, 깨뜨리기도 하지요. 그럴 때 주위의 반응은 어떤가요? 그리고 여러분은 어떻게 행동하나요? 나의 실수에 대해 생각하고 반성하는 마음을 일기에 담아보세요.

유리병을 깨뜨렸어요

10월 13일 화요일		흐리다가 맑게 된 날
엄마가 식빵을 사오셨는데 딸기잼을 실수로 깨뜨렸다. 아빠께서 금방 유리 조각 남은 것을 밟으셨다. 아빠께서 무지 아프셨겠다. 다음부터는 그런 일이 없도록 조심해야겠다.		
선생님 의견		
딸기잼을 엄마께서 깨신 건가요? 아님 우리 친구가 깬 것인가요? 반성한 내용을 봐도 누가 깨뜨린 것인지 정확히 알 수가 없네요. 만약 내가 깨뜨렸다면 첫 문장을 '엄마가 식빵을 사오셨다. 그런데 내가 냉장고에서 딸기잼을 꺼내다가 실수로 깨뜨렸다.'로 써야겠지요.		

28 가족이 아파요.

가족 중에 누군가 아프면 우리 친구들도 마음이 아프죠? 우리 가족이 아팠던 때를 일기에 써보세요. 엄마와 아빠 그리고 오빠나 언니, 형, 동생이 더 소중하게 느껴질 거예요.

우리 형이 걸린 신종플루

11 월 18 일 일요일		무지무지 추웠던 날

우리 형은 신종인플루엔자에 걸렸다. 형이 신플에 걸려서 따로 생활해야 하기 때문에 놀 수도 싸울 수도 없다. 신종인플루엔자는 정말 위험한 병인 거 같다. 우리 형이 많이 안 아팠으면 좋겠다. 신종플루는 잠복기간이 있어서 5일 동안 지켜보아야 한다고 한다. 나는 우리 형이 신종플루에서 벗어나기만을 바랐다.

선생님 의견

함께 놀고, 싸우던 형제가 아프면 걱정도 되고 마음도 아프지요. 그런 마음을 잘 표현해주었어요. 덧붙인다면 나는 그래서 어떻게 했는지, 나의 이야기가 있으면 좋겠어요.

29 가족여행을 갔어요.

가족들과 여행을 가면 즐겁죠? 여행을 갈 때에는 신나게 노는 것이 중요합니다. 그리고 여행에서 가장 인상 깊었던 것 중 한 가지는 꼭 일기에 써보세요. 우리 친구들에게 훌륭한 추억이 될 것입니다.

내소사에서 소원을 빌다

10월 3일 수요일	☼	날씨가 무지 좋다

나는 오늘 내소사에 갔다. 가보니까 신기하고 부처님께 소원을 빌었다. 어떤 소원을 빌었냐면 우리 가족 모두 잘 살고 위험한 일이 없으면 좋겠다고 빌었다. 사진을 보니까 실감나고 재미있었다. 그리고 집에 와서 엄마 생신이래서 축하해드렸다. 선물 못 드려서 죄송하고 오래오래 사시면 좋겠다.

선생님 의견

내소사는 어디에 있는 절인가요? 여행을 간 경우 그곳이 어디인지를 기록해야 다음에도 잊지 않고 알 수 있어요.

30 생일이에요.

축하해요. 누구를 초대했나요? 가족들이 어떤 생일상을 준비해 주었나요? 어떤 선물을 받았나요? 그중 가장 마음에 드는 것과 그 이유는? 잊지 말아야 할 것은 낳아주신 부모님께 감사드리는 거예요. 일기에도 한 줄 써주세요.

동생 생일

5월 12일 토요일	(구름)	흐림
와 신난다. 왜냐면 동생 생일이어서다. 생일 선물은 다이어리		
속지로 사줬다. 포장도 하였다. 영어랑 한글로 생일 노래를 불렀		
다. 선물도 주고, ~~케익도~~ 먹었다. 사랑하는 동생. 생일 축하해.		
케이크도		
선생님 의견		
맞아요. 생일은 기쁘고 신나는 일이지요. 그게 내 생일이 아니어도 말이지요. 우리말 가운데 외국에서 쓰던 말을 그대로 쓰는 것들이 있어요. 버스, 바나나, 카메라 등이 그래요. 이런 것들을 외래어라고 하는데 정확히 어떻게 써야 하는지 알아두어야 해요. '케익'이 아니라 '케이크'입니다.		

31 맛있는 외식을 했어요.

오늘 저녁은 어디서 무엇을 먹었나요? 맛있는 불고기? 따뜻한 설렁탕? 또는 퓨전 레스토랑에서? 외식을 왜 했는지, 식당에서 어떤 일이 있었는지, 맛은 어떠했는지 등을 소개해보세요.

강강술래에 갔다

11월 15일 목요일	(눈)	첫 눈 몇 개 내린 날
오늘은 서준이 가족이랑 외식을 했다. 강강술래에서 고기를 먹었는데 진짜 맛있었다. 엄마가 식당에서 돌아다니면 안 된다고 해서 가만히 앉아서 먹었다.		
선생님 의견		
강강술래라는 장소 이름이 나왔네요. 잘 했어요. 그런데 어떤 고기를 먹었는지 알 수가 없어요. 소고기? 돼지고기? 오리고기? 그리고 왜 서준이 가족과 외식을 하게 되었는지도 써주면 더 정확한 일기가 되겠지요!		

32 마트에 다녀왔어요.

마트에 가면 신발도 팔고, 옷도 팔고, 아이스크림도 팔고, 책도 팔지요. 마트에서 무엇을 샀나요? 그리고 어떤 일이 있었나요? 혹시 이것저것 사달라고 떼쓰다가 부모님께 혼나지는 않았나요? 마트에서 있었던 일을 써보세요.

엄마랑 마트에 갔다

9월 20일 목요일	☂	어제까지 흐리더니 결국 오늘 비가 왔다
엄마랑 마트에 갔다. 거기에서 과자를 사고, 귤도 사고, 쌀도		
사고 이것저것 많이 샀다. 차에서 집에 가면서 빵도 먹고, 과		
자도 먹고, 우유도 먹었다. 그래서 좋았다.		
선생님 의견		
일기에 사고 먹은 이야기 밖에 없네요. 가족과 나누었던 이야기, 처음 보았던 것들, 사고 싶었지만 사지 못했던 것과 그 이유 등에 대해서도 써보세요.		

33 병원에 다녀왔어요.

어딘가가 아프면 거기에 맞는 병원을 가야해요. 이가 아프면 치과, 귀가 아프면 이비인후과, 눈이 아프면 안과를 가지요. 우리 친구들은 병원에 왜 갔나요? 거기에서 어떤 치료를 받았는지, 의사 선생님께서 어떤 이야기를 하셨는지 써보세요.

치과

1월 4일 목요일	☼	맑은 날
엄마와 삼성의료원 치과에 갔다. 치과에서 오른쪽 이빨을 치료		
해주셨다. 이빨을 치료할 땐 아프지 않았는데 치료하고 난 후에		
는 아팠다.		
선생님 의견		
'이빨'은 동물의 치아를 가리키고, 사람의 치아는 '이'라고 부른답니다. 고유명사 즉 특정한 사물이나 사람의 고유한 이름 등은 제대로 써주어야 한답니다. '닭'을 '닥'이나 '닦'으로 쓰면 무엇을 말하는지 제대로 전달되지 않으니까요.		

34 놀이동산에 다녀왔어요.

누구와 어디로 다녀왔나요? 우리 가족만? 친지 또는 이웃과 함께? 무엇을 탔나요? 타고 싶었지만 탈 수 없었던 것은? 그리고 그 이유는? 놀이동산에서 보았던 여러 가지도 함께 일기에 옮겨 주세요.

에버랜드

10월 10일 수요일	☁	약간 흐림
에버랜드에 갔다. 에버랜드에서 놀이기구를 여러 번 탔다. 아		
마존익스프레스도 타고, 동물 악단의 동요도 듣고, 인기 가수가 나		
오는 공연도 보았다. 어떤 것은 옛날에도 봤던 거라서 지겨웠지		
만 에버랜드는 재미있었다.		
선생님 의견		
에버랜드에서 재미있는 시간을 보낸 것 같네요. 그런데 이왕이면 각각 어땠는지 그 느낌을 써주면 좋겠어요. 아마존익스프레스는 어떤 느낌이었는지, 물은 튀었는지 아닌지, 그리고 가수는 어떤 가수가 나왔는지, 어떤 노래를 불렀는지, 노래를 들은 느낌은 어땠는지 자세히 써보세요.		

35 둥근 보름달이 뜨는 추석이에요.

음력으로 팔월의 한가운데 있는 날이라고 해서 팔월한가위라고 부르는 추석이에요. 추석은 곡식과 과일이 풍성해지게 도움을 주신 신과 조상님께 감사의 제사를 드리는 날이지요. 추석에 있었던 일을 일기에 소개해보세요.

추석

10월 5일 금요일	☁	흐림
보지 못하던 가족들이 많이 모였다. 가족들이랑 맛있는 아침식사를 하였다. 그 다음에는 차례를 지냈다. 차례를 지내고나서 어른들은 이야기를 나누시고 우린 놀이터에 가서 놀았다. 집에 와서 송편을 먹었다. 추석과 설날이 다시 돌아왔으면 좋겠다고 생각했다.		

선생님 의견

추석과 설날이 다시 돌아왔으면 좋겠다고 생각한 이유가 없네요. 그리고 추석 일기에 설이 등장한 이유는 무엇인가요? 이유가 쓰여 있지 않으니 알 수 없네요.

36 신기한 것을 보았어요.

어제와 같은 오늘이지만 가끔씩은 처음 보는 것들, 신기한 것들을 만나게 되지요. 여러 가지 기능이 담긴 핸드폰, 로봇 청소기 등이 그래요. 자, 여러분이 처음 본 신기한 것은 무엇인지 일기에 담아보세요.

세차

9월 16일 일요일	(구름)	어제도 오늘도 계속 흐리군
오늘은 수영이 끝난 다음에 집에 오면서 주유를 한 다음에 세차를 했다. 엄마가 창문을 절대 열면 안 된다고 하셨다. 세차할 때 기계가 움직였는데 느낌은 우리 차가 움직이는 것 같았다. 비눗물이 나오고, 물을 뿌리니까 우리 차가 깨끗해졌다. 내 기분이 상쾌해졌다.		
선생님 의견		
세차를 하는데 왜 내 기분이 상쾌해졌을까요? 아마도 '우리 차가 깨끗해지니 내 기분도 상쾌해졌다'라고 표현하고 싶었던 것 같은데 맞나요? 생략해도 알 수 있는 것들이 있지만, 글쓰기를 배우고 연습하는 우리는 되도록 생략하지 않고 쓰기로 해요.		

공부 습관 잡아주는 초등 일기

초판 1쇄 발행 2009년 12월 25일
개정판 2쇄 발행 2021년 5월 24일

지은이 박점희
펴낸이 이범상
펴낸곳 (주)비전비엔피 · 애플북스

기획 편집 이경원 현민경 차재호 김승희 김연희 고연경 최유진 황서연 김태은 박승연
디자인 최원영 이상재 한우리
마케팅 이성호 최은석 전상미
전자책 김성화 김희정 이병준
관리 이다정

주소 우) 04034 서울특별시 마포구 잔다리로7길 12 (서교동)
전화 02) 338-2411 | 팩스 02) 338-2413
홈페이지 www.visionbp.co.kr
인스타그램 www.instagram.com/visioncorea
포스트 post.naver.com/visioncorea
이메일 visioncorea@naver.com
원고투고 editor@visionbp.co.kr

등록번호 제313-2007-000012호

ISBN 979-11-90147-19-4 13590

• 값은 뒤표지에 있습니다.
• 잘못된 책은 구입하신 서점에서 바꿔드립니다.

도서에 대한 소식과 콘텐츠를
받아보고 싶으신가요?